高等职业教育系列教材

单片机原理与应用项目化教程

主 编 杨 华 王雪丽
副主编 陈沐泽 赵 丽 宫丽男

机械工业出版社

本书系统介绍了单片机技术的相关知识。全书共 7 个项目，理论技能知识主要涉及 80C51 单片机常用的 Keil 编程软件和 Proteus 仿真软件的使用、80C51 的结构和原理、单片机基本 C 语言程序、单片机的定时器/计数器、单片机的中断系统、单片机串行通信技术、单片机 A-D 和 D-A 转换元器件的应用等。本书在内容上遵循高职学生的学习认知成长规律，通过项目任务引导教学，深浅适度安排项目任务，注重实践和动手能力的培养。通过本书的学习可使读者理解和掌握单片机技术的基本理论和应用设计方法，为后续相关课程的学习奠定基础。

本书可作为高职高专院校机电及电子相关专业的教材，也可作为单片机技术开发人员的参考书。

本书配有电子课件、仿真资源、习题参考答案、C 语言源程序等，需要的教师可登录 www.cmpedu.com 免费注册，审核通过后下载，或联系编辑索取（QQ：1239258369，电话：010-88379739）。

图书在版编目(CIP)数据

单片机原理与应用项目化教程/杨华，王雪丽主编．—北京：机械工业出版社，2019.7(2024.8 重印)
高等职业教育系列教材
ISBN 978-7-111-63326-6

Ⅰ.①单⋯　Ⅱ.①杨⋯　②王⋯　Ⅲ.①单片微型计算机-高等职业教育-教材　Ⅳ.①TP368.1

中国版本图书馆 CIP 数据核字(2019)第 159429 号

机械工业出版社(北京市百万庄大街 22 号　邮政编码　100037)
策划编辑：和庆娣　　责任编辑：和庆娣　秦 菲
责任校对：张艳霞　　责任印制：单爱军
北京虎彩文化传播有限公司印刷

2024 年 8 月第 1 版·第 7 次印刷
184mm×260mm·12.5 印张·307 千字
标准书号：ISBN 978-7-111-63326-6
定价：39.90 元

电话服务　　　　　　　　　网络服务
客服电话：010-88361066　　机 工 官 网：www.cmpbook.com
　　　　　010-88379833　　机 工 官 博：weibo.com/cmp1952
　　　　　010-68326294　　金 书 网：www.golden-book.com
封底无防伪标均为盗版　　　机工教育服务网：www.cmpedu.com

前　言

科技兴则民族兴，科技强则国家强。党的二十大报告指出，必须坚持科技是第一生产力、人才是第一资源、创新是第一动力，深入实施科教兴国战略、人才强国战略、创新驱动发展战略，开辟发展新领域新赛道，不断塑造发展新动能新优势。"单片机技术应用"是高职电气自动化、电气工程、机电一体化、数控技术等专业的核心课，为了适应当今职业教育项目教学任务驱动的教学改革需要，体现项目教学的职业教育特色，编者根据高职人才培养目标、专业知识体系和能力结构等多方面教学要求，结合多年的教学经验，采用项目教学组织本书内容。本书以就业需求为导向，以项目教学为切入点，将理论知识和实践知识融入项目。

本书设计思想：通过7个项目按照"掌握基础-提升技能"这一螺旋递进的思想进行编排，单个任务按照"任务描述-相关知识-任务实施"这一思想进行编排。内容编写方面：在16个任务中按照学生的认知规律（由浅入深、由简单到复杂）对教学内容进行科学合理的安排，以培养学生的电路设计及软件编程能力为核心；文字叙述方面：语言表述通俗易懂、言简意赅；任务选取方面：选择适合高职学生易理解、便操作和可实用的任务，每个任务都有完整的硬件电路和详细的程序参考。本书的任务有利于培养学生理解电路和程序的能力，有利于拓展学生独立分析和完成任务的能力，逐步提高学生在单片机技术应用方面的综合能力。

本书的最大特点是具有很好的操作性和参考性，学习者可完全按照教材的内容学习理论知识、硬件设计和程序编写，从而快速掌握单片机技术。

本书的参考学时为60~80学时（项目7可根据教学实际情况进行任务选取，学时相应进行调整），其中理论参考学时为30~40学时，实践参考学时为30~40学时，项目1~项目7的参考学时见下面的学时分配表。

学时分配表			
项目序号	项目内容	理论学时（参考）	实践学时（参考）
项目1	简单彩灯闪烁控制设计	4	4
项目2	单片机输入/输出电路设计	6	6
项目3	显示与按键接口技术	6	6
项目4	定时/计数器与中断系统应用	6	6
项目5	A-D与D-A转换接口电路设计	4	4
项目6	串口通信技术应用	4	4
项目7	单片机应用系统设计	0~10	0~10
学时总计：60~80		30~40	30~40

本书是机械工业出版社组织出版的"高等职业教育系列教材"之一，由长春职业技术学院杨华、王雪丽任主编；包头铁道职业技术学院陈沐泽，以及长春职业技术学院赵丽和宫

丽男任副主编。具体分工为：杨华对本书的编写思路与大纲进行总体策划，指导全书的编写，对全书统稿，并编写项目 4；王雪丽编写项目 3 的任务 4 和项目 7 的任务 1；陈沐泽编写项目 2；赵丽编写项目 7 的任务 2；宫丽男编写项目 3 的任务 1、任务 2 及任务 3；长春职业技术学院白冰编写项目 1 的任务 1；长春职业技术学院于周男编写项目 1 的任务 2；长春职业技术学院关越编写项目 5；长春职业技术学院吕国策编写项目 6。

  本书在编写过程中得到多方面支持，在此一并表示感谢！本书在编写的过程中参阅了大量同类教材，在此编者向这些教材的作者衷心地表示感谢！

  由于编者水平有限，书中难免有疏漏之处，敬请批评指正。

编　者

目 录

前言
项目1 简单彩灯闪烁控制设计 ·· 1
 1.1 任务1 单灯闪烁控制设计及仿真 ·· 1
  1.1.1 任务描述 ·· 1
  1.1.2 相关知识 ·· 1
   1.1.2.1 Keil C51编程软件介绍 ·· 1
   1.1.2.2 Proteus仿真软件介绍 ·· 6
  1.1.3 任务实施 ·· 12
   1.1.3.1 单灯闪烁控制Keil C51编程软件练习 ·· 12
   1.1.3.2 单灯闪烁控制Proteus仿真软件练习 ·· 12
   1.1.3.3 仿真结果 ·· 16
 1.2 任务2 蜂鸣器发音控制设计及仿真 ·· 18
  1.2.1 任务描述 ·· 18
  1.2.2 相关知识 ·· 18
   1.2.2.1 单片机介绍 ·· 18
   1.2.2.2 单片机组成及引脚 ·· 20
   1.2.2.3 单片机最小系统 ·· 23
   1.2.2.4 单片机存储器结构 ·· 25
  1.2.3 任务实施 ·· 31
   1.2.3.1 硬件电路设计 ·· 31
   1.2.3.2 软件程序设计 ·· 31
   1.2.3.3 仿真结果 ·· 32
 1.3 习题 ·· 33
项目2 单片机输入/输出电路设计 ·· 35
 2.1 任务1 左右循环流水灯控制设计与仿真 ·· 35
  2.1.1 任务描述 ·· 35
  2.1.2 相关知识 ·· 35
   2.1.2.1 P0口电路结构及功能 ·· 35
   2.1.2.2 P1口电路结构及功能 ·· 37
   2.1.2.3 P2口电路结构及功能 ·· 37
   2.1.2.4 P3口电路结构及功能 ·· 38
  2.1.3 任务实施 ·· 39
   2.1.3.1 硬件电路设计 ·· 39
   2.1.3.2 软件程序设计 ·· 39

V

  2.1.3.3　仿真结果 ··· 41
2.2　任务2　彩灯显示开关状态设计与仿真 ··· 41
  2.2.1　任务描述 ·· 41
  2.2.2　相关知识 ·· 41
    2.2.2.1　C语言介绍 ·· 41
    2.2.2.2　C语言基本语句 ·· 42
  2.2.3　任务实施 ·· 47
    2.2.3.1　硬件电路设计 ·· 47
    2.2.3.2　软件程序设计 ·· 47
    2.2.3.3　仿真结果 ··· 49
2.3　任务3　模拟汽车控制灯控制设计与仿真 ·· 50
  2.3.1　任务描述 ·· 50
  2.3.2　相关知识 ·· 50
    2.3.2.1　C语言数据类型 ·· 50
    2.3.2.2　C语言运算符 ··· 52
    2.3.2.3　C语言常量和变量 ·· 57
    2.3.2.4　C语言函数 ··· 59
  2.3.3　任务实施 ·· 62
    2.3.3.1　硬件电路设计 ·· 62
    2.3.3.2　软件程序设计 ·· 63
    2.3.3.3　仿真结果 ··· 64
2.4　习题 ··· 65

项目3　显示与按键接口技术 ··· 66
3.1　任务1　简易四位抢答器控制系统设计及仿真 ·································· 66
  3.1.1　任务描述 ·· 66
  3.1.2　相关知识 ·· 66
    3.1.2.1　LED数码管及其接口电路 ·· 66
    3.1.2.2　数组的概念 ·· 72
  3.1.3　任务实施 ·· 76
    3.1.3.1　硬件电路设计 ·· 76
    3.1.3.2　软件程序设计 ·· 76
    3.1.3.3　仿真结果 ··· 77
3.2　任务2　LED点阵显示系统设计及仿真 ··· 78
  3.2.1　任务描述 ·· 78
  3.2.2　相关知识 ·· 78
    3.2.2.1　LED点阵结构及显示原理 ·· 78
    3.2.2.2　LED点阵接口技术 ··· 79
  3.2.3　任务实施 ·· 81
    3.2.3.1　硬件电路设计 ·· 81

  3.2.3.2 软件程序设计 ··· 83
  3.2.3.3 仿真结果 ··· 84
3.3 任务3 多样彩灯控制系统设计及仿真 ··· 84
 3.3.1 任务描述 ··· 84
 3.3.2 相关知识 ··· 85
  3.3.2.1 键盘接口技术 ··· 85
  3.3.2.2 独立式按键及其接口电路 ··· 86
  3.3.2.3 矩阵式键盘及其接口电路 ··· 86
 3.3.3 任务实施 ··· 88
  3.3.3.1 硬件电路设计 ··· 88
  3.3.3.2 软件程序设计 ··· 89
  3.3.3.3 仿真结果 ··· 90
3.4 任务4 LCD1602显示系统设计及仿真 ··· 90
 3.4.1 任务描述 ··· 90
 3.4.2 相关知识 ··· 90
  3.4.2.1 液晶显示原理 ··· 90
  3.4.2.2 LCD1602字符型液晶显示器基本指令及操作时序 ··· 92
  3.4.2.3 LCD1602字符型液晶显示器的显存及字库 ··· 95
 3.4.3 任务实施 ··· 96
  3.4.3.1 硬件电路设计 ··· 96
  3.4.3.2 软件程序设计 ··· 97
  3.4.3.3 仿真结果 ··· 108
3.5 习题 ··· 109

项目4 定时/计数器与中断系统应用 ··· 110

4.1 任务1 10秒定时系统设计 ··· 110
 4.1.1 任务描述 ··· 110
 4.1.2 相关知识 ··· 110
  4.1.2.1 定时/计数器结构 ··· 110
  4.1.2.2 定时/计数器工作方式 ··· 112
 4.1.3 任务实施 ··· 117
  4.1.3.1 硬件电路设计 ··· 117
  4.1.3.2 软件程序设计 ··· 117
  4.1.3.3 仿真结果 ··· 120
4.2 任务2 具有中断功能点阵图形显示系统设计 ··· 120
 4.2.1 任务描述 ··· 120
 4.2.2 相关知识 ··· 120
  4.2.2.1 中断系统 ··· 120
  4.2.2.2 中断系统寄存器 ··· 123
  4.2.2.3 中断系统处理过程 ··· 126

  4.2.3 任务实施 ··· *130*
    4.2.3.1 电路设计 ··· *130*
    4.2.3.2 软件程序设计 ··· *130*
    4.2.3.3 仿真结果 ··· *132*
 4.3 习题 ··· *133*

项目5 A-D与D-A转换接口电路设计 ··· *134*
 5.1 任务1 温度检测并自动报警设计与仿真 ··· *134*
  5.1.1 任务描述 ··· *134*
  5.1.2 相关知识 ··· *134*
    5.1.2.1 A-D转换基本原理 ··· *134*
    5.1.2.2 A-D转换芯片ADC0809 ··· *135*
  5.1.3 任务实施 ··· *137*
    5.1.3.1 硬件电路设计 ··· *137*
    5.1.3.2 软件程序设计 ··· *137*
    5.1.3.3 仿真结果 ··· *140*
 5.2 任务2 简易波形发生器设计与仿真 ··· *141*
  5.2.1 任务描述 ··· *141*
  5.2.2 相关知识 ··· *141*
    5.2.2.1 D-A转换基本原理 ··· *141*
    5.2.2.2 D-A转换芯片DAC0832 ··· *142*
  5.2.3 任务实施 ··· *144*
    5.2.3.1 硬件电路设计 ··· *144*
    5.2.3.2 软件程序设计 ··· *145*
    5.2.3.3 仿真结果 ··· *148*
 5.3 习题 ··· *150*

项目6 串口通信技术应用 ··· *151*
 6.1 任务1 甲机串口控制乙机数码管显示系统设计与仿真 ··· *151*
  6.1.1 任务描述 ··· *151*
  6.1.2 相关知识 ··· *151*
    6.1.2.1 串行通信介绍 ··· *151*
    6.1.2.2 MCS-51串行接口 ··· *153*
  6.1.3 任务实施 ··· *156*
    6.1.3.1 硬件电路设计 ··· *156*
    6.1.3.2 软件程序设计 ··· *156*
    6.1.3.3 仿真结果 ··· *160*
 6.2 任务2 甲乙两机通信系统设计及仿真 ··· *160*
  6.2.1 任务描述 ··· *160*
  6.2.2 相关知识 ··· *160*
    6.2.2.1 单片机通信分类 ··· *160*

		6.2.2.2 远程无线通信	163
	6.2.3	任务实施	163
		6.2.3.1 硬件电路设计	163
		6.2.3.2 软件程序设计	163
		6.2.3.3 仿真结果	166
6.3	习题		167

项目7 单片机应用系统设计 168

7.1	任务1 步进电机控制系统设计及仿真	168
7.1.1	任务描述	168
7.1.2	相关知识	168
	7.1.2.1 步进电机介绍	168
	7.1.2.2 步进电机工作原理	169
7.1.3	任务实施	170
	7.1.3.1 硬件电路设计	170
	7.1.3.2 软件程序设计	171
	7.1.3.3 仿真结果	173
7.2	任务2 电子日历设计及仿真	173
7.2.1	任务描述	173
7.2.2	相关知识	173
	7.2.2.1 实时时钟芯片DS1302	173
	7.2.2.2 LCD12864液晶显示模块	178
7.2.3	任务实施	183
	7.2.3.1 硬件电路设计	183
	7.2.3.2 软件程序设计	185
	7.2.3.3 仿真结果	188
7.3	习题	189

参考文献 190

项目 1　简单彩灯闪烁控制设计

本项目从 Keil C51 软件和 Proteus 仿真软件入手，让读者对单片机开发软件有一个初步了解；然后通过设计一个简单的彩灯闪烁控制系统及仿真，介绍单片机及应用系统的基本概念，主要涉及单片机介绍、单片机组成及引脚、单片机最小系统及单片机存储器结构，让读者了解单片机及单片机应用系统的基本概念。

1.1　任务 1　单灯闪烁控制设计及仿真

1.1.1　任务描述

本任务主要以单片机控制单灯闪烁为例来介绍 Keil C51 编程软件和 Proteus 仿真软件的使用方法。

1.1.2　相关知识

1.1.2.1　Keil C51 编程软件介绍

Keil C51 软件是目前最流行的开发 51 单片机的工具软件，掌握这一软件的使用方法，对于 51 单片机的开发人员来说是十分必要的。

下面按照具体的操作步骤，学习 Keil C51 软件的基本操作方法。

1. 启动 Keil C51 软件

首先启动 Keil C51 软件的集成开发环境。从桌面上直接双击 μVision 按钮，启动该软件，打开如图 1-1 所示窗口。

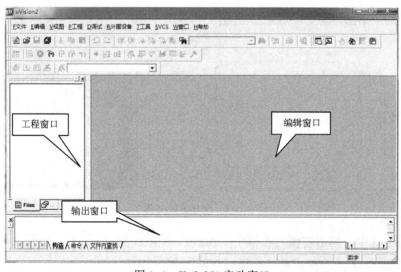

图 1-1　Keil C51 启动窗口

Keil C51 提供了包括 C 编译器、宏汇编、链接器、库管理和一个功能强大的仿真调试器等在内的完整开发方案，通过一个集成开发环境（μVision）将这些部分组合在一起。

2. 建立工程文件

1）在 Keil C51 的工作窗口中，单击"工程"→"新建工程"菜单命令，如图 1-2 所示。

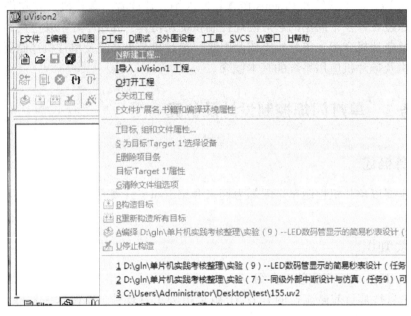

图 1-2　建立工程文件

2）打开"新建工程"对话框，在"保存在"下拉列表框中选择工程保存目录（如"E:\"），并在"文件名"文本框中输入工程名字（如"实验 2"），不需要加扩展名，出现如图 1-3 所示对话框，单击"保存"按钮。

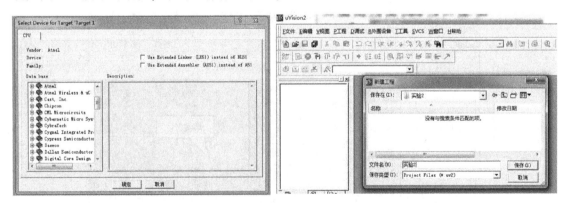

图 1-3　保存工程文件

3）在图 1-3 中，单击左侧列表框中"Atmel"项前面的"+"号，展开该层，单击其中的"89C51"，如图 1-4 所示，然后单击"确定"按钮。

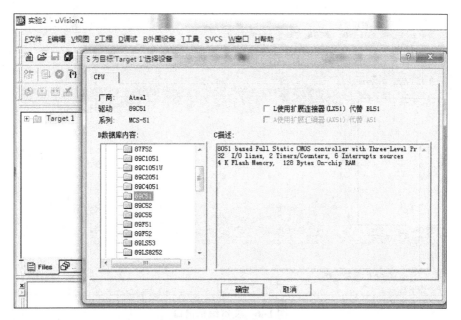

图 1-4 选择目标 CPU

4）完成芯片型号的选择后，工程栏中的"Target 1"文件夹前会出现三个红色的小图标，如图 1-5 所示。

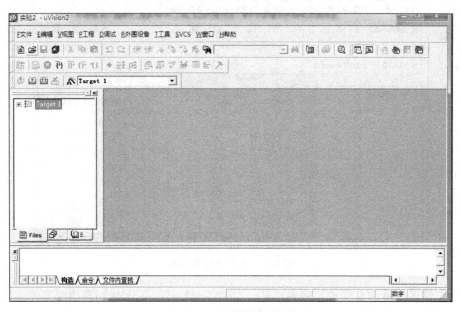

图 1-5 建立工程后的主界面

3. 建立并添加文件

1）单击"文件"→"新建"菜单命令，出现如图 1-6 所示的文本编辑窗口，在该窗口中输入源程序。

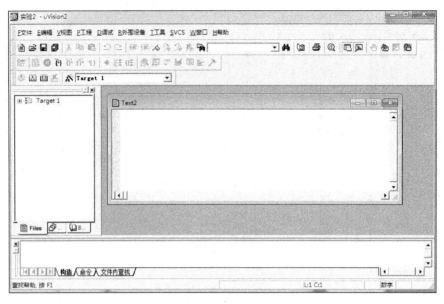

图 1-6　文本编辑窗口

2）对该源程序检查校正后，单击"文件"→"保存"菜单命令，将源程序另存为 C 语言源程序文件，如图 1-7 所示。

图 1-7　源程序保存界面

在源文件名的后面必须加扩展名"c"，如"Text2.c"，用于区别其他源文件，例如汇编语言源文件的扩展名为"a"，头文件的扩展名为"h"等。

3）如图 1-8 所示，鼠标右键单击工程管理窗口中的"Source Group 1"项，打开快捷菜单，再选择"Add Files to Group 'Source Group 1'"菜单命令，出现如图 1-9 所示窗口。在"文件类型"下拉列表框中选择"C Source file(*.c)"，找到刚新建的"Text2.c"文件并选择后，单击"Add"按钮加入工程中。

图 1-8 添加源文件到组中

图 1-9 选择文件类型及添加源文件

4)在工程管理窗口"Source Croup 1"项中会出现名为"Text2.c"的文件,说明新文件的添加已完成,如图 1-10 所示。

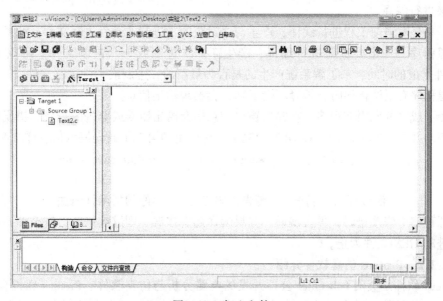

图 1-10 加入文件

通常单片机控制程序包含多个源程序文件，Keil C51 使用工程（Project）这一概念，将这些参数设置和所需的所有文件都加在一个工程中，包括为这个工程选择 CPU、确定编译、汇编、链接的参数，指定调试的方式等。

4. 配置工程属性

如图 1-10 所示，将鼠标移到工程管理窗口的"Target 1"上，单击鼠标右键，再选择"Options for Target 1 'Target 1'"快捷菜单命令，在窗口中单击"Output"选项卡，打开"Output"选项设置页面，如图 1-11 所示，选中"Create HEX File"复选框，再单击"OK"按钮。

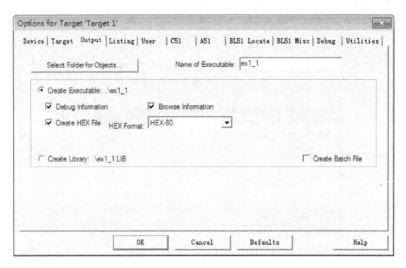

图 1-11 "Output"选项卡

5. 编译工程

在主界面中，单击"Project"→"Build target"菜单命令，或单击工具栏中的"编译"按钮来进行编译。

编译只是对当前工程进行编译，产生与之对应的二进制或十六进制文件，如果编译后又修改了源程序，一定要重新进行编译，产生新的二进制或十六进制文件。可以通过查看 HEX 文件生成的时间，来了解系统产生的是否为最新的二进制或十六进制文件。

当源程序有语法错误时，编译不会成功，会出现输出信息。

编译不成功的原因有很多，在输出窗口信息中会给出错误或警告的行号、错误代码、错误原因等，并有"Target not created"的提示，对产生的第 1 个错误提示信息详细解释如下。

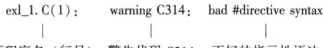

      源程序名（行号） 警告代码 C314 不好的指示性语法

在源程序中修改错误，再次编译；如果编译还有错误，则继续修改，直至编译成功后生成十六进制 HEX 文件为止。

1.1.2.2 Proteus 仿真软件介绍

Proteus 软件是英国 Labcenter 公司开发的电路分析与仿真软件。Proteus 软件自 1989 年问世至今，经历了 20 多年的发展，功能得到了不断的完善，性能越来越好，用户也越来越多。拥有 Proteus 电子设计工具,就相当于拥有了一个电子设计和分析平台。

1. Proteus 软件组成

Proteus 电子设计软件由原理图输入系统(简称 ISIS)、混合模型仿真器、动态器件库、高级图形分析模块、处理器仿真模型 VSM 及 PCB 设计编辑(简称 ARES)6 部分组成。

2. Proteus 软件特点

1)集原理图设计、仿真和 PCB 设计于一体,真正实现了从概念到产品的设计。

2)具有模拟电路、数字电路、单片机应用系统、嵌入式系统(不高于 ARM7)设计与仿真功能。

3)具有全速、单步、设置断点等多种形式的调试功能。

4)具有各种信号源和电路分析所需的虚拟仪表。

5)支持 Keil C51 uVision3、MPLAB 等第三方的软件编译和调试环境,是目前唯一能仿真微处理器的电子设计软件。

6)具有强大的原理图到 PCB 设计功能,可以输出多种格式的电路设计报表。

3. Proteus 软件资源

Proteus 软件提供了操作工具、绘图工具、电路激励源、虚拟仪器、测试探针和丰富的元器件资源,可用来进行电路设计、电路功能分析、电路图表分析。

(1)操作工具

Proteus 的操作工具名称及功能如表 1-1 所示。

表 1-1 操作工具

序 号	操作工具名称	功 能
1	Component	元器件选择
2	Junction dot	在原理图中标注连接点
3	Wire label	标注网络标号
4	Text script	在电路中输入说明文本
5	Bus	绘制总线
6	Bus-circuit	绘制子电路块
7	Instant edit mode	选择元器件(编辑)
8	Inter-sheet terminal	对象选择器列出输入/输出、电源、地等终端
9	Device Pin	对象选择器将列出普通引脚、时钟引脚、反电压引脚和短接引脚等
10	Simulation graph	对象选择器列出各种仿真分析所需的图表
11	Tape recorder	当对设计电路分割仿真时采用此模式
12	Generator	对象选择器列出各种激励源
13	Voltage probe	电压探针,电路进入仿真模式时可显示各探针处的电压值
14	Current probe	电流探针,电路进入仿真模式时可显示各探针处的电流值
15	Virtual instrument	对象选择器列出各种虚拟仪器

(2)图形绘制工具

Proteus 中的图形绘制工具如表 1-2 所示。

表 1-2 图形绘制工具

序 号	图形绘制工具名称	功 能
1	2D graphics line	绘制直线（用于创建元器件或表示图表时绘制线）
2	2D graphics box	绘制方框
3	2D graphics circle	绘制圆
4	2D graphics arc	绘制弧
5	2D graphics path	绘制任意形状图形
6	2D graphics text	文本编辑，用于插入说明
7	2D graphics symbol	用于选择各种符号元器件
8	Makers for component origin etc	用于产生各种标记图标
9	Set rotation	方向旋转按钮，以 90°偏置改变元器件的放置方向
10	Horizontal reflection	水平镜像旋转按钮
11	Vertical reflection	垂直镜像旋转按钮

（3）激励源

在 Proteus 中，提供了 13 种信号源，对于每一种信号源参数又可进行设置。具体如表 1-3 所示。

表 1-3 信号源

序 号	信号源名称	功 能
1	DC	直流电压源
2	Sine	正弦波发生器
3	Pulse	脉冲发生器
4	Exp	指数脉冲发生器
5	SFFM	单频率调频波信号发生器
6	Pwlin	任意分段线性脉冲信号发生器
7	File	File 信号发生器，数据来源于 ASCII 文件
8	Audio	音频信号发生器，数据来源于 Wav 文件
9	DState	稳态逻辑电平发生器
10	DEdge	单边沿信号发生器
11	DPulse	单周期数字脉冲发生器
12	DClock	数字时钟信号发生器
13	DPattern	模式信号发生器

（4）电路功能分析

在 Proteus 中，提供了 9 种电路分析工具，在电路设计时，可用来测试电路的工作状态。主要有虚拟示波器（Oscilloscope）、逻辑分析仪（Logic Analysis）、计数/定时器（Counter

Timer）、虚拟终端（Virtual Terminal）、信号发生器（Signal Generator）、模式发生器（Pattern Generator）、交直流电压表和电流表（AC/DC Voltmeters/Ammeters）、SPI调试器（SPI Debugger）及I^2C调试器（I^2C Debugger）。

（5）电路图表分析

在Proteus中，提供了13种分析图表，在电路高级仿真时，用来精确分析电路的技术指标。具体有模拟图表（Analogue）、数字图表（Digital）、混合分析图表（Mixed）、频率分析图表（Frequency）、转移特性分析图表（Transfer）、噪声分析图表（Noise）、失真分析图表（Distortion）、傅里叶分析图表（Fourier）、音频分析图表（Audio）、交互分析图表（Interactive）、一致性分析图表（Conformance）、直流扫描分析图表（DC Sweep）及交流扫描分析图表（AC Sweep）。

（6）测试探针

在Proteus中，提供了电流和电压探针，用来测试所放处的电流和电压值。值得注意的是，电流探针的方向一定要与电路的导线平行。

电压探针（Voltage probes）：既可在模拟仿真中使用，也可在数字仿真中使用。在模拟电路中记录真实的电压值，而在数字电路中记录逻辑电平及其强度。

电流探针（Current probes）：仅在模拟电路仿真中使用，可显示电流方向和电流瞬时值。

（7）元器件

Proteus提供了大量元器件的原理图符号和PCB封装，在绘制原理图之前必须知道每个元器件对应的库，在自动布线之前必须知道对应元器件的封装，常用的有元器件库和封装库。

4. Proteus的基本操作

（1）进入Proteus ISIS

双击ISIS 7 Professional图标或者单击"开始"→"程序"→"Proteus 7 Professional—ISIS 7 Professional"命令，出现如图1-12所示的Proteus ISIS集成开发环境。

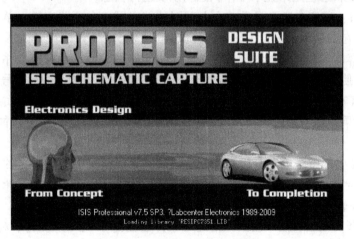

图1-12 Proteus ISIS启动界面

（2）Proteus ISIS工作界面

Proteus ISIS的工作界面是一种标准的Windows界面，如图1-13所示。包括：标题栏、主菜单、标准工具栏、绘图工具栏、预览窗口、对象选择按钮、对象选择器窗口、预览对象方位控制按钮、仿真进程控制按钮、图形编辑窗口和状态栏等。

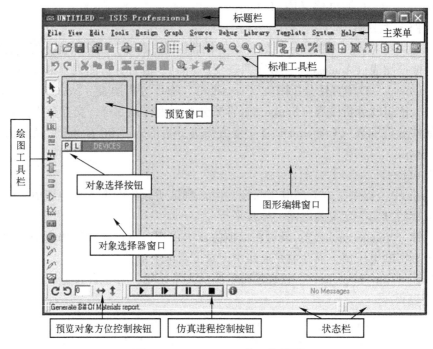

图 1-13　Proteus ISIS 的工作界面

1）主菜单：Proteus 主菜单包括 File、View、Edit 等 12 个。每个菜单栏又有自己的子菜单，Proteus 的菜单栏完全符合 Windows 操作风格。

2）工具栏：包括菜单栏下面的标准工具栏和绘图工具栏。

3）状态栏：状态栏用来显示工作状态和系统运行状态。

4）预览窗口：该窗口通常显示整个电路图的缩略图。在预览窗口上单击，会有一个矩形蓝绿框标示出在图形编辑窗口中显示的区域。

5）对象选择器窗口：通过对象选择按钮，从元器件库中选择对象，并置入对象选择器窗口，供绘图时使用。显示对象的类型包括：设备、终端、引脚、图形符号、标注和图形。

Proteus VSM 有交互式仿真和基于图表的仿真两种。交互式仿真能够实时直观地反映电路设计的仿真结果；基于图表的仿真（ASF）用于精确分析电路的各种性能，如频率特性、噪声特性等。

Proteus VSM 中的整个电路分析是在 ISIS 原理图设计模块下延续下来的，原理图中可以包含探针、电路激励信号、虚拟仪器、曲线图表等仿真工具，显示仿真结果。

（3）Proteus 软件基本操作

1）对象选择。在编辑框中用鼠标指向对象并右击选中该对象，选中对象呈高亮显示，选中对象时该对象上的所有连线同时被选中。如果要选中一组对象，可通过依次在每个对象右击选中相应的方式，也可以通过按住右键拖出一个选择框的方式，但只有完全位于选择框内的对象才可以被选中。在空白处右击，可以取消所有对象的选择。

2）对象放置。首先单击对象选择按钮 P，在弹出的器件库中输入器件名称，选中具体的器件，这样所选的器件将列在对象选择器窗口中。然后在对象选择器窗口中选中器件，选中的器件在预览窗口中将显示具体的形状和方位，最后在图形编辑窗口中单击放置器件。

3）删除对象。用鼠标指向选中的对象，然后单击鼠标右键，选择"删除"，即可删除该对象，同时删除该对象的所有连线。

4）拖动对象。用鼠标指向选中的对象并按住左键拖拽可以拖动对象。该方式不仅对整个对象有效，而且对对象中单独的 labels（指元器件名称、参数）也有效。

5）拖动对象标签。许多类型的对象附着有一个或多个属性标签。例如，每个元器件有一个"reference"标签和一个"value"标签，可以很容易地移动这些标签，使电路图看起来更美观，移动标签的步骤如下。

① 选中对象。
② 用鼠标指向标签按住鼠标左键。
③ 拖动标签到需要的位置，如果想要定位得更精确的话，可以在拖动时改变捕捉的精度（使用〈F4〉、〈F3〉、〈F2〉、〈Ctrl+F1〉键）。
④ 释放鼠标。

6）调整对象大小。子电路、图表、线、框和圆可以调整大小，调整对象大小的步骤如下。

① 选中对象。
② 如果对象可以调整大小，对象周围会出现黑色小方块，称为"手柄"。
③ 按住鼠标左键拖动这些"手柄"到新的位置，可以改变对象的大小。

7）调整对象的朝向。许多类型的对象可以调整朝向为 0°、90°、270°、360°或通过 x 轴、y 轴镜像，调整对象朝向的步骤如下。

① 选中对象。
② 单击"Rotation"按钮，对象逆时针旋转，右击"Rotation"按钮，对象顺时针旋转。
③ 单击"Mirror"按钮，对象按 x 轴镜像，右击"Mirror"按钮，对象按 y 轴镜像。

8）编辑对象属性。编辑对象属性的步骤是：先右击选中对象，再单击选择对象，弹出对象编辑窗口。

9）复制对象。复制对象的方法如下。

① 选中需要的对象。
② 单击"Copy"按钮。
③ 把复制的轮廓拖到需要的位置单击。
④ 右击结束。

10）移动对象。移动对象的步骤是：先选中需要的对象，然后单击拖动对象。

11）删除对象。删除对象的步骤是：选中需要的对象，单击"Delete"按钮，删除对象。如果错误删除了对象，可以使用"Undo"命令来恢复原状。

12）画线。在两个对象间连线，单击第一个对象连接点，再单击另一个连接点，ISIS 就会自动将两个点连上。如果用户想自己决定走线路径，只需在想要拐点处单击即可。线路路径器用来设置走线方法，单击"Tools"→"Wire Auto-Router"命令，实现对 WAR 的设置，该功能默认是打开的。打开 WAR 是折线连线，关闭 WAR 是两点直接连线。对具有相同特性的画线，可采用重复布线的方法。先画一条，然后再在元器件引脚双击即可。假设要连接一个8字节ROM的数据线到单片机P0口,只要画出某一条从ROM数据线到单片机P0口线,其余的单击ROM元器件的引脚即可。

13)拖线。右击选中要拖动的线,光标成箭头状,然后拖动鼠标,线就平行移动,如果右击后选中的是线的某个角,则光标变成十字箭头,此时拖动鼠标,线将按一个角度移动。

1.1.3 任务实施

1.1.3.1 单灯闪烁控制 Keil C51 编程软件练习

以下为用单片机控制一个LED闪烁的程序,利用Keil C51软件生成HEX文件的过程见1.1.2.1 Keil C51编程软件介绍。

```c
#include <reg51.h>
sbit P1_0=P1^0;
void delay(unsigned char i);
void main()
{
    while(1) {
        P1_0=0;
        delay(10);
        P1_0=1;
        delay(10);
    }
}
void delay(unsigned char i)
{
    unsigned char j,k;
    for(k=0;k<i;k++)
        for(j=0;j<255;j++);
}
```

1.1.3.2 单灯闪烁控制 Proteus 仿真软件练习

1. 选取元器件

进入Proteus界面之后,先选中绘图工具栏中的"Component Mode"(元器件模式),然后在对象选择窗口中单击"P"按钮,弹出"Pick Devices"对话框,如图1-14所示。

在"Keywords"中输入要选择的元器件名称,在右边框中选中要选的元器件,则元器件列在对象选择窗口中。单片机控制单灯闪烁硬件设计需选用的元器件如图1-15所示。

2. 放置元器件

在对象选择窗口中单击"AT89C51",然后把鼠标指针移到右边的原理图编辑区的适当位置并单击,就把AT89C51放到了图形编辑窗口。用同样的方法将对象选择窗口中的其他元器件放到图形编辑窗口,如图1-16所示。

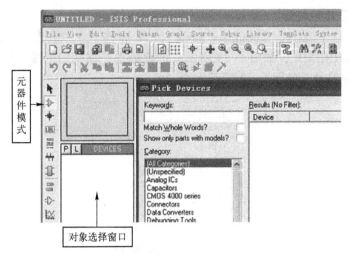

图 1-14 元器件选择对话框

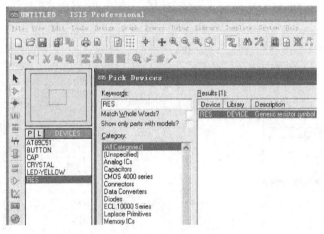

图 1-15 选择元器件

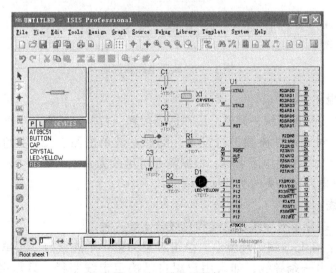

图 1-16 放置元器件

3. 放置电源及接地符号

在绘图工具栏中选择"Terminals Mode"（终端模式），单击对象选择窗口中的"POWER"和"GROUND"，如图 1-17 所示，把鼠标指针移到图形编辑区并双击，即可放置电源符号和接地符号，如图 1-18 所示。

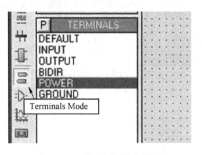

图 1-17　选择电源和接地

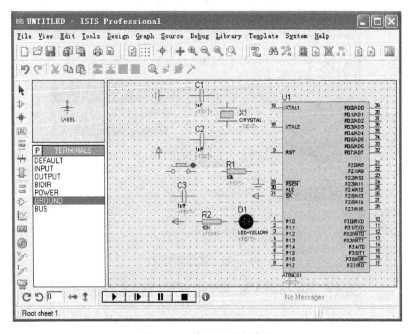

图 1-18　放置电源和接地

4. 对象的编辑

把电源、接地符号进行统一调整，放在适当位置，右击元器件，在弹出的对话框中选择"Edit Properties"，对元器件参数进行设置。例如右键单击图 1-25 中的电阻 R1，出现如图 1-19 所示的窗口，R1 为电阻名称，根据需要可更改为其他名称如 R2、R3 等，10k 为电阻的阻值，可根据电路要求更改为其他阻值。

5. 原理图连线

在原理图中连线分单根导线、总线和总线分支线三种。

1）单根导线：在 ISIS 编辑环境中，单击对象的第一个连接点，再单击另一个连接点，ISIS 就能自动绘制出一条导线，如果用户想自己决定走线路径，只需在想要拐点处单击即可。

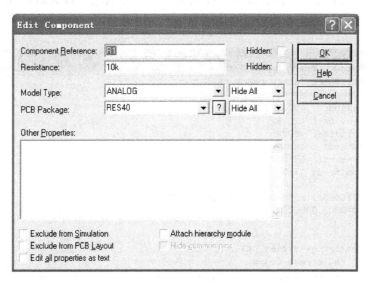

图 1-19 元器件编辑窗口

2）总线：单击绘图工具栏中的"总线模式"按钮，即可在图形编辑窗口中画总线。

3）总线分支线：单击欲连接的点，然后在离总线一定距离的地方再单击，然后按住〈Ctrl〉键，单击总线即可。

按照上述方法绘制的电路如图 1-20 所示。

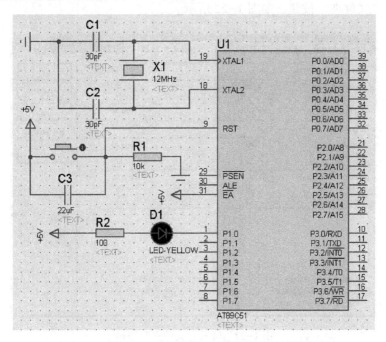

图 1-20 基于单片机控制的一个 LED 闪烁电路原理图

6. 电气规则检测

电路设计完成后，选择"Tools"→"Electrical Rule Check"命令，弹出电气规则检测结果窗口，如图 1-21 所示。在窗口中，前面是一些文本信息，最后两行说明如图 1-20 所示的电路原理图没有错误。若有错，会有说明。

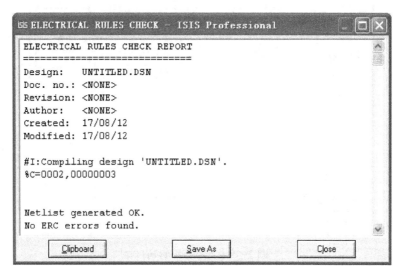

图 1-21 电气规则检测结果

1.1.3.3 仿真结果

1）右键单击单片机，在弹出的对话框中选择"Edit Properties"，出现"Edit Component"对话框，单击"文件夹"按钮，如图 1-22 所示。

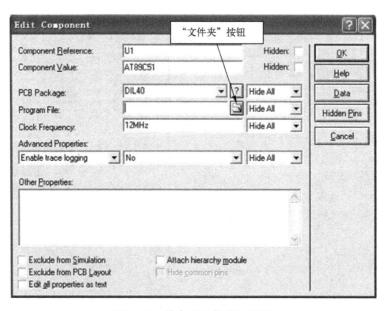

图 1-22 单击"文件夹"按钮

2）然后选择要装载的 HEX 文件，如图 1-23 所示，单击右下角的"打开"按钮，出现如图 1-24 所示窗口，再单击右上角的"OK"按钮，则 HEX 文件装载完毕。

图 1-23　选择 HEX 文件

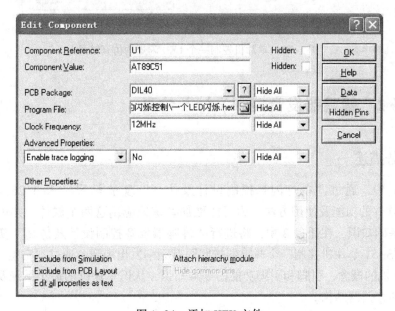

图 1-24　添加 HEX 文件

3）单击"仿真进程控制"中的"开始"按钮 ▶，如图 1-25 所示，可以看到仿真结果，LED 在闪烁，如图 1-26 所示。

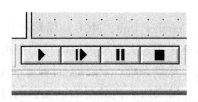

图 1-25　"仿真进程控制"按钮

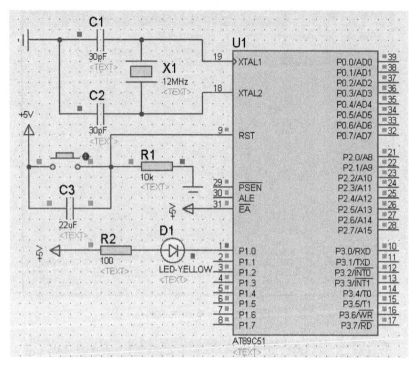

图 1-26　单片机控制一个 LED 闪烁的仿真结果

1.2　任务 2　蜂鸣器发音控制设计及仿真

1.2.1　任务描述

在任务 1 中，通过"单灯闪烁控制设计及仿真"实验学习了 Keil C51 编程软件和 Proteus 仿真软件的功能及使用方法。为了能更加熟练地应用这两个软件，并进一步学习单片机的相关基础知识，在任务 2 中，将进行"蜂鸣器发音控制设计及仿真"实验。本任务要求采用 MCS-51 单片机控制一个蜂鸣器按照固有频率发出声音。通过本实验，可初步掌握 MCS-51 单片机的概念、引脚和引脚功能的基本知识，认识单片机的最小系统及其作用，并学习单片机的存储器结构。

1.2.2　相关知识

1.2.2.1　单片机介绍

1. 什么是单片机

单片微型计算机（Micro Controller Unit，MCU）简称"单片机"，它不是一台机器，而是一块集成电路芯片。单片机是采用超大规模集成电路把中央处理器（CPU）、随机存储器（RAM）、只读存储器（ROM）、中断系统、定时器/计数器、A-D 转换器、通信接口和普通 I/O 接口等集成到一块硅片上，构成的一个微型的、完整的计算机系统。单片机的 CPU 相当于 PC 的 CPU，单片机的数据存储器相当于 PC 的内存，单片机的程序存储器相当于 PC

的硬盘，单片机的 I/O 接口相当于 PC 的显卡、网卡、扩展卡等的插槽……单片机可谓是"麻雀虽小五脏俱全"。

单片机自诞生以来，以其性能稳定、低电压低功耗、经久耐用、体积小、性价比高、控制能力强、易于扩展等优点，广泛应用于各个领域。先后出现了 4 位单片机、8 位单片机、16 位单片机、32 位单片机，在这几类单片机里最受欢迎的是 8 位单片机，它仍是目前单片机应用的主流。随着电子技术的迅速发展，单片机的功能也越来越强大。

2. 单片机的发展过程

1975 年，当时的美国德州仪器公司（TI 公司）首次推出 4 位单片机——TMS-1000 单片机，标志着单片机的诞生。

1976 年，Intel 公司研制出 MCS-48 系列 8 位单片机，使单片机发展进入一个新阶段。MCS-48 系列单片机内部集成了 8 位 CPU、多个并行 I/O 接口、8 位定时器/计数器、小容量的 RAM 和 ROM 等，没有串行通信接口，操作简单。

1980 年，Intel 公司在 MCS-48 系列单片机的基础上，推出了 MCS-51 系列 8 位高档单片机，这就是当前大名鼎鼎的"51 单片机"的"祖先"。MCS-51 系列单片机比 MCS-48 系列单片机有明显提高，内部增加了串行通信接口，具备多级中断处理系统，定时器/计数器由 8 位扩展为 16 位，扩大了 RAM 和 ROM 的容量。

1983 年，16 位单片机问世，因为性价比不理想并未得到普及应用，主要应用于比较复杂的控制系统以及早期嵌入式系统。

3. 单片机的应用

（1）在家用电器领域的应用

现在乃至将来，国内国外各种家用电器都采用单片机控制，因为家电将向多功能和智能化、自动化方向发展。没有单片机智能控制的家电将面临淘汰。洗衣机、电冰箱、空调机、微波炉、电饭煲、电磁炉等新型家电产品，都使用单片机来进行控制。

（2）在工业自动化领域的应用

在工业控制中，如工业过程自动控制、过程自动监测、过程数据采集、工业控制器、工业现场联网通信及机电一体化自动控制系统等，都离不开单片机。在比较复杂的大型工业控制系统中，用单片机可以实现智能控制、智能数据采集、远程自动控制、现场自动管理，真正实现工业自动化。如工业机器人的控制系统是由中央控制器、感觉系统、行走系统、擒拿系统等节点构成的多机网络系统，而其中每一个小系统都是由单片机进行控制的。

（3）在计算机通信领域和安全监控系统中的应用

单片机普遍具备通信接口，可以很方便地与计算机进行数据通信，为计算机和设备的通信提供了技术条件。如电话机及其监控设备，楼宇自动通信呼叫系统、烟火报警系统和摄像监控系统，无线有线对讲系统等。

（4）在医用设备领域中的应用

单片机在医用设备中的用途亦相当广泛，例如医用呼吸机、分析仪、监护仪、诊断设备及病床呼叫系统等。

（5）在汽车电子产品中的应用

现代汽车的集中显示系统、动力、速度、压力监测控制系统、自动驾驶系统、导航系统、安全保护系统、通信系统和运行监视器（黑匣子）等都是单片机的功劳。

（6）在智能仪器仪表上的应用

单片机广泛应用于仪器仪表中，实现模拟量和数字量的转换和处理。通过传感器，可实现诸如电压、功率、频率、湿度、温度、流量、速度、厚度、角度、长度、距离、硬度、元素、压力、重力、音量、光亮、波形、磁感应等物理量的测量。采用单片机控制使得仪器仪表数字化、智能化、微型化、直观化，还能通过单片机串口通信实现远程测量和数据采集。

此外，单片机在工商、金融、科研、教育、国防、航空航天等领域也有着广泛的应用。

单片机的广泛应用不仅让我们享受到新型电子产品和新技术带来的贴心服务，也使我们的生活环境变得安全、舒适、便捷；有了单片机做主控，我们的生产生活工具变得更加先进和智能，减轻劳动强度的同时提高了工作效率和安全系数。

1.2.2.2 单片机组成及引脚

想要学好单片机的应用，有必要了解并掌握单片机的组成以及单片机有哪些引脚，这些引脚都有着什么样的作用。

1. 8051单片机的基本组成

MCS-51系列8位单片机因为性能可靠、简单实用、性价比高而深受欢迎，被誉为"最经典的单片机"。其中8051单片机是MCS-51系列单片机中最为典型的芯片，它只有程序存储器结构与其他型号的芯片不同，其引脚完全兼容，内部结构也完全相同。这里以8051为例，介绍MCS-51系列单片机的内部组成及信号引脚。8051单片机的内部结构组成如图1-27所示。

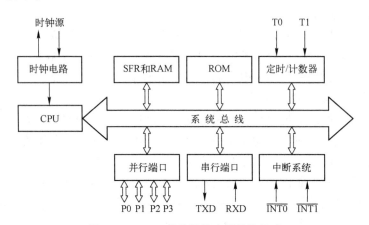

图1-27 8051单片机的内部结构组成

（1）中央处理器

CPU是单片机的主要核心部件，其包含了运算器、控制器以及若干寄存器等部件。

1）运算器：运算器是计算机的运算部件，用于实现算术和逻辑运算。计算机的数据运算和处理都在这里进行。

通常运算器由算术/逻辑运算单元ALU、累加器A、暂存寄存器、标志寄存器F等组成。

累加器A是一个特殊的寄存器。其作用有两个：一是运算时把一个操作数经暂存器送至ALU；二是在运算后保存其运算结果。

暂存寄存器用来暂时存储数据总线或其他寄存器送来的操作数，是 ALU 的数据输入源。

标志寄存器 F 用来保存 ALU 运算结果的特征（如进位标志、溢出标志等）和处理器的状态，这些特征和状态可以作为控制程序转移的条件。

算术/逻辑运算单元 ALU 由加法器和相应的控制逻辑电路组成。它能分别对来自两个暂存器数据源的两个操作数进行加、减、与、或等运算，还能进行数据的移位。ALU 进行何种运算由控制器发出的命令确定，运算后的结果经数据总线送至累加器 A，同时影响标志寄存器 F 的状态。

2) 控制器：计算机的控制器由指令寄存器 IR、指令译码器 ID、定时及控制逻辑电路和程序计数器 PC 等组成，它的控制使计算机各部分自动、协调地工作。控制器按照指定的顺序从程序存储器中取出指令进行译码并根据译码结果发出相应的控制信号，从而完成该指令所规定的任务。

指令寄存器 IR 用来保存当前正在执行的一条指令。要执行一条指令，首先要把它从程序存储器中取到指令寄存器中。指令的内容包括操作码和操作数（或操作数的地址码）两部分。操作码送到指令译码器 ID，经译码后确定所要执行的操作；操作数的地址码也要送到操作数地址形成电路以便形成真正的操作数地址。

定时及控制逻辑电路是 CPU 的核心部件。它的任务有控制取指令、执行指令、存取操作数或运算结果等操作，向其他部件发出控制信号，协调各部件的工作。

程序计数器 PC 也叫指令地址计数器。计算机的程序是有序地存储在程序存储器中的各种指令的集合。计算机运行时，按顺序取出程序存储器中的指令并逐一执行。程序计数器 PC 指出当前要执行的指令的地址。每当指令取出后，PC 的内容自动加 1（除转移指令外），从而指向按序排列的下一条指令的地址。若遇到转移指令（JMP）、子程序调用指令（CALL）或返回指令（RET）时，这些指令会把要执行的下一条指令的地址直接置入 PC 中，PC 的内容才会突变。程序计数器 PC 的位数决定了微处理器所寻址的存储器空间。

3) 寄存器组：寄存器组作为 CPU 内部的暂存单元至关重要，它是 CPU 处理数据所必需的一个存取空间，其多少直接影响着微机系统处理数据的能力和速度。

（2）内部数据存储器

8051 单片机芯片共有 256 个 RAM 单元，其中后 128 单元被专用寄存器占用，能作为寄存器供用户使用的只是前 128 单元，用于存放可读写的数据。因此通常所说的内部数据存储器就是指前 128 单元，简称内部 RAM。地址范围为 00H~FFH（256 B）。是一个多用多功能数据存储器，有数据存储、通用工作寄存器、堆栈、位地址等空间。

（3）内部程序存储器

8051 单片机内部有 8 KB 的 ROM，用于存放程序、原始数据或表格。因此称之为程序存储器，简称内部 RAM。地址范围为 0000H~FFFFH（64 KB）。

（4）定时/计数器

8051 单片机共有两个 16 位的定时/计数器以实现定时或计数功能，并以其定时或计数结果对计算机进行控制。定时时，靠内部分频时钟频率计数实现；计数时，对 P3.4（T0）

或 P3.5（T1）端口的低电平脉冲计数。

（5）并行 I/O 口

8051 单片机共有 4 个 8 位的 I/O 接口（P0、P1、P2、P3）以实现数据的输入/输出。

（6）串行口

8051 单片机有一个可编程的全双工的串行口，以实现单片机和其他设备之间的串行数据传送。该串行口功能较强，既可作为全双工异步通信收发器使用，也可作为移位器使用。RXD（P3.0）引脚为接收端口，TXD（P3.1）引脚为发送端口。

（7）中断控制系统

8051 单片机的中断功能较强，可以满足不同控制应用的需要。8051 单片机有 5 个中断源，即外中断 2 个，定时中断 2 个，串行中断 1 个。

（8）定时与控制部件

8051 单片机内部有一个高增益的反相放大器，基输入端为 XTAL1，输出端为 XTAL2。8051 单片机芯片的内部有时钟电路，但石英晶体和微调电容需外接。时钟电路为单片机产生时钟脉冲序列。

2. 单片机的引脚及功能

8051 单片机是标准的 40 引脚双列直插式集成电路芯片，如图 1-28 所示。

按其功能可分为电源、时钟、控制和 I/O 接口 4 部分。

（1）电源引脚

VCC：芯片主电源，外接+5 V；GND：电源地线。

（2）时钟引脚

XTAL1 与 XTAL2 为内部振荡器的两条引出线。

（3）控制引脚

1）ALE/$\overline{\text{PROG}}$：地址锁存控制信号/编程脉冲输入端。在扩展系统时，ALE 用于控制把 P0 口输出的低 8 位地址锁存起来，以实现低 8 位地址和数据的隔离，P0 口作为数据地址复用口线。当访问单片机外部程序或数据存储器或外接 I/O 接口时，ALE 输出脉冲的下降沿用于低 8 位地址的锁存信号；即使不访问单片机外部程序或数据存储器或外设 I/O 接口，ALE 端仍以晶振频率的 1/6 输出正脉冲信号，因此可作为外部时钟或外部定时信号使用。但应注意，此时不能访问单片机外部程序、数据存储器或外设 I/O 接口。ALE 端可以驱动 8 个 TTL 负载。

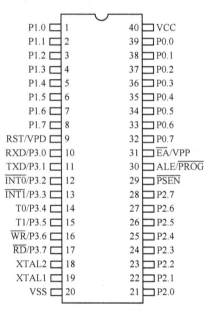

图 1-28　8051 单片机的引脚

2）$\overline{\text{PSEN}}$：片外程序存储器读选通有效信号。在 CPU 向片外程序存储器读取指令和常数时，每个机器周期 $\overline{\text{PSEN}}$ 两次低电平有效。但在此期间，每当访问外部数据存储器或 I/O 接口时，该 $\overline{\text{PSEN}}$ 两次低电平有效信号将不出现。$\overline{\text{PSEN}}$ 端可以驱动 8 个 TTL 负载。

3）$\overline{\text{EA}}$/VPP：访问程序存储器控制信号/编程电源输入端。当该引脚 $\overline{\text{EA}}$ 信号为低电平时，只访问片外程序存储器，不管片内是否有程序存储器；当该引脚为高电平时，单片机访问片内的程序存储器。

4) RST/VPD：复位/掉电保护信号输入端。当振荡器运行时，在该引脚加上一个2个机器周期以上的高电平信号，就能使单片机回到初始状态，即进行复位。掉电期间，该引脚可接上备用电源（VPD）以保持内部RAM的数据。

（4）I/O接口

P0口（P0.0~P0.7）：8位双向并行I/O接口。扩展片外存储器或I/O接口时，作为低8位地址总线和8位数据总线的分时复用接口，它为双向三态。

P0口可带8个TTL负载电流。

P1口（P1.0~P1.7）：8位准双向并行I/O接口。P1口每一位都可以独立设置成输入/输出位。

P1口可以驱动4个TTL电路。

P2口（P2.0~P2.7）：8位准双向并行I/O接口。扩展外部数据、程序存储器时，作为高8位地址输出端口。

P2口可以驱动4个TTL电路。

P3口（P3.0~P3.7）：8位准双向并行I/O接口。除了与P1口有一样的I/O功能外，每一个引脚还兼有第二功能。如表1-4所示。

表1-4 P3口各引脚对应的第二功能

P3.0	P3.1	P3.2	P3.3	P3.4	P3.5	P3.6	P3.7
RXD	TXD	$\overline{INT0}$	$\overline{INT1}$	T0	T1	$\overline{WR}$	$\overline{RD}$

P3口可以驱动4个TTL电路。

P3口的第二功能信号都是单片机的重要控制信号，因此，在实际使用时，先按需要选用第二功能信号，其余的则以第一功能的身份作为数据位的I/O接口使用。

P1、P2、P3口线片内均有固定的上拉电阻，故称为准双向并行I/O接口；P0口片内无固定的上拉电阻，由两个MOS管串接，既可开路输出，又可处于高阻的"悬空"状态，故称为双向三态并行I/O接口。读者在学完1.3节后会有较深刻的理解。

以上把8051单片机芯片上全部40个引脚的定义及功能做了简单介绍。对于MCS-51系列各种型号的芯片，其引脚的第一功能信号是相同的，所不同的是引脚的第二功能信号。可以对照实训电路找到相应的引脚，在电路中查看每个引脚的连接使用。

1.2.2.3 单片机最小系统

单片机的最小系统就是让单片机能正常工作并发挥其功能时所必需的组成部分，也可理解为用最少的元器件组成的单片机可以工作的系统。

1. 时钟电路

（1）时钟电路的产生

在MCS-51芯片内部有一个高增益反相放大器，其输入端为芯片引脚XTAL1，输出端为引脚XTAL2。在芯片的外部，XTAL1和XTAL2之间跨接晶体振荡器和微调电容，从而构成一个稳定的自激振荡器，即单片机的时钟振荡电路，如图1-29所示。

时钟电路产生的振荡脉冲经过触发器进行二分频之后，才成为单片机的时钟脉冲信号。请读者特别注意时钟脉冲与振荡脉冲之间的二分频关系，否则会造成概念上的错误。

一般地，电容 C1 和 C2 取 30 pF 左右，晶体的振荡频率范围是 1.2~12 MHz。晶体振荡频率高，则系统的时钟频率也高，从而单片机运行速度也就快。通常情况下，MCS-51 的应用振荡频率为 6 MHz 或 12 MHz。

(2) 引入外部脉冲信号

在由多片单片机组成的系统中，为了各单片机之间时钟信号的同步，应当引入唯一的公用外部脉冲信号作为单片机的振荡脉冲。这时，外部的脉冲信号经 XTAL2 引脚注入，其连接如图 1-30 所示。

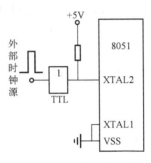
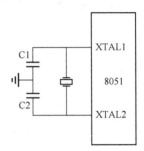

图 1-29　时钟振荡电路　　　　　图 1-30　外部时钟源接法

(3) 时序

时序是用定时单位来说明的。8051 单片机的时序单位共有 4 个，从小到大依次是：节拍、状态、机器周期和指令周期。下面分别加以说明。

1) 节拍与状态。把振荡脉冲的周期定义为节拍，用 P 表示。振荡脉冲经过二分频后，就是单片机的时钟信号周期，将其定义为状态，用 S 表示。这样，一个状态包含两个节拍。与前半周期对应的节拍为节拍 1，与后半周期对应的节拍为节拍 2。

2) 机器周期。8051 单片机采用定时控制方式，因此它有固定的机器周期。规定一个机器周期的宽度为 6 个状态，并依次表示为 S1~S6。由于一个状态又包括两个节拍，因此，一个机器周期总共有 12 个节拍，分别记作 S1P1、S1P2、…、S6P2。一个机器周期共有 12 个振荡脉冲周期，因此机器周期就是振荡脉冲的 12 分频。当振荡脉冲频率为 12 MHz 时，一个机器周期为 1 μs；当振荡脉冲频率为 6 MHz 时，一个机器周期为 2 μs。

3) 指令周期。指令周期是最大的时序定时单位，执行一条命令所需要的时间称为指令周期。它一般由若干个机器周期组成，不同的指令，所需要的机器周期数也不相同。通常，包含一个机器周期的指令称为单周期指令，包含两个机器周期的指令称为双周期指令等。指令的执行速度与指令所包含的机器周期有关，机器周期数越少的指令其执行的速度越快。8051 单片机通常可以分为单周期指令、双周期指令和四周期指令 3 种。四周期指令只有乘法和除法指令两条，其余都为单周期和双周期指令。

2. 复位电路

单片机复位是使 CPU 和系统中的其他功能部件都处在一个确定的初始状态，并从该状态开始工作。无论是在单片机刚开始接上电源时，还是断电后或者发生故障后都要复位，所以必须弄清楚 8051 单片机复位的条件、复位电路和复位后状态。

单片机复位的条件是：使 RST/VPD 引脚加上持续两个机器周期即 24 个振荡周期的高电平。例如，若时钟频率为 12 MHz，则每个机器周期为 1 μs，只需 2 μs 以上时间的高电平，在 RST 引脚出现高电平后的第二个机器周期，单片机执行复位。单片机常见的两种复位电路是：上电复位电路和按键复位电路，分别如图 1-31 和图 1-32 所示。

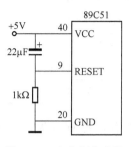 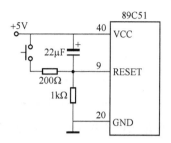

图 1-31　上电复位电路　　　　图 1-32　按键复位电路

上电复位电路是利用电容充电来实现的。在接电瞬间，RESET 端的电位与 VCC 相同，随着充电电流的减少，RESET 的电位逐渐下降。只要保证 RESET 为高电平的时间大于两个机器周期，便能正常复位。

按键复位电路除了具有上电复位功能，还可以使用按键复位，只需按下图 1-32 中的 RESET 键即可，此时电源 VCC 经电阻 R1、R2 分压，在 RESET 端产生一个复位高电平。

单片机复位期间不产生 ALE 和 $\overline{PSEN}$ 信号，即 ALE=1。这表明单片机复位不会有任何取址操作。

复位后 PC 值为 0000H，表明复位后程序从 0000H 开始执行。SP 值为 07H，表明堆栈底部在 07H，一般需重新设置 SP 值。P0~P3 口值为 FFH，P0~P3 口用作输入口时，必须先写入"1"。单片机在复位后，已使 P0~P3 口每一端线为"1"，为这些端线用作输入口做好了准备。

1.2.2.4　单片机存储器结构

存储器功能是存储信息（程序和数据）。存储器按其存取方式可以分成两大类，一类是随机存储器，另一类是只读存储器。对于 RAM，CPU 在运行过程中能随时进行写入和读出，但在关闭电源时，其存储信息将丢失，所以它只能用来存放暂时性的输入/输出数据、运算的中间结果或用作堆栈。因此，RAM 常被称作数据存储器。ROM 是一种写入信息后不能改写只能读出的存储器，断电后，其信息仍保留不变。ROM 用来存放固定的程序或数据，如系统监控程序、常数表格等。所以，ROM 常被称作程序存储器。

MCS-51 单片机的芯片内部包含数据存储器和程序存储器两类存储器。下文先介绍内部数据存储器。

1. 内部数据存储器的地址分配

内部数据存储器的地址分配如表 1-5 所示。

表 1-5 MCS-51 内部数据存储器的地址分配

F8H~FFH ⋮ 80H~87H	SFR 区
30H~7FH	用户 RAM 区（数据缓冲区）
20H~2FH	位寻址区（00H~7FH）
18H~1FH	工作寄存器区 3 区（R7~R0）
10H~17H	工作寄存器区 2 区（R7~R0）
08H~0FH	工作寄存器区 1 区（R7~R0）
00H~07H	工作寄存器区 0 区（R7~R0）

内部 RAM 共有 256 个单元，通常把 256 个单元按其功能划分为两部分：低 128 字节（00H~7FH）RAM 和高 128 字节（80H~FFH）RAM。

2. 内部数据存储器低 128 字节

内部数据存储器的低 128 字节（00H~7FH）是真正的 RAM 存储器，按其用途划分为工作寄存器区、位寻址区和用户 RAM 区 3 个区域，如表 1-6 所示。

表 1-6 片内 RAM 低 128 字节的配置

30H~7FH	用户 RAM 区（数据缓冲区）
20H~2FH	位寻址区（00H~7FH）
18H~1FH	工作寄存器区 3 区（R7~R0）
10H~17H	工作寄存器区 2 区（R7~R0）
08H~0FH	工作寄存器区 1 区（R7~R0）
00H~07H	工作寄存器区 0 区（R7~R0）

（1）寄存器区

共有 4 组寄存器，每组 8 个寄存单元，各单元 8 位，每组的 8 个寄存单元都以 R0~R7 作为寄存单元的编号。寄存器常用于存放操作数及中间结果，由于它们的功能及使用不做预先规定，因此称为通用寄存器，有时也叫工作寄存器。4 组通用寄存器占据内部 RAM 的 00H~1F 单元地址。

在任一时刻，CPU 只能使用四组寄存器中的一组寄存器，并且把正在使用的那组寄存器称之为当前寄存器组。到底是哪一组，由程序状态字寄存器 PSW 中的 RS1、RS0 的状态组合来决定（见 SFR 中的 PSW）。

通用寄存器为 CPU 提供了就近存储数据的功能，有利于提高单片机的运算速度。此外，使用通用寄存器还能提高程序编制的灵活性，因此在单片机的应用编程中应充分地利用这些寄存器，以简化程序设计，提高程序运行速度。

（2）位寻址区

内部 RAM 的 20H~2FH 单元，既可以作为一般的 RAM 单元，进行字节操作，也可以对单元中每一位进行位操作，因此把该区称为位寻址区。位寻址区共有 16 个 RAM 单元字节，共 128 位，各位地址位 00H~7FH。MCS-51 单片机具有布尔处理机的功能，位寻址区可以构成布尔处理机的存储空间。这种位寻址区能力是 MCS-51 单片机的一个重要特点，表 1-7 为位寻址区的位地址表。

表 1-7　片内 RAM 位寻址区的位地址表

单元地址	MSB			位地址（十六进制）					LSB
2FH	7F	7E	7D	7C	7B	7A	79	78
2EH	77	76	75	74	73	72	71	70
2DH	6F	6E	6D	6C	6B	6A	69	68
2CH	67	66	65	64	63	62	61	60
2BH	5F	5E	5D	5C	5B	5A	59	58
2AH	57	56	55	54	53	52	51	50
29H	4F	4E	4D	4C	4B	4A	49	48
28H	47	46	45	44	43	42	41	40
27H	3F	3E	3D	3C	3B	3A	39	38
26H	37	36	35	34	33	32	31	30
25H	2F	2E	2D	2C	2B	2A	29	28
24H	27	26	25	24	23	22	21	20
23H	1F	1E	1D	1C	1B	1A	19	18
22H	17	16	15	14	13	12	11	10
21H	0F	0E	0D	0C	0B	0A	09	08
20H	07	06	05	04	03	02	01	00

（3）用户 RAM 区

在内部 RAM 的 128 字节中，通用寄存器占了 32 字节，位寻址区占了 16 字节，剩下 80 字节，这就是供用户使用的一般 RAM 区，其地址为 30H~7FH。

对用户 RAM 区的使用没有任何规定和限制，但在实际使用中，常需在 RAM 区设置堆栈。这在编程中使用 RAM 单元时应特别注意，不要和栈区单元混淆。

3. 内部数据存储器高 128 字节

内部数据存储器高 128 字节是供给专用寄存器使用的，其地址为 80H~FFH。但这 21 个专用寄存器的地址分散地分布在 80H~FFH 的地址空间中，只占用了高 128 字节中的 21 字节。因这些寄存器的功能已做专门规定，故称之为专用寄存器（Special Function Register），也可称之为特殊功能寄存器。

（1）特殊功能寄存器（SPR）简介

8051/89C51 共有 21 个专用寄存器，现对其中部分寄存器做如下简介。

1) 程序计数器（Program Counter，PC）　PC 是一个 16 位的计数器，它的作用是控制程序的执行顺序，其内容为下一条要执行的指令的地址，寻址范围达 64 KB。PC 有自动加 1 的功能，从而实现程序的顺序执行。PC 没有地址，是不可寻址的，因此用户无法对它进行读/写操作，但可以通过转移、调用、返回等指令改变其内容，以实现程序的转移。因地址不在 SFR（专用寄存器）内，一般不计作专用寄存器。

2）累加器（Accumulator，ACC）　累加器为8位寄存器，是最常用的专用寄存器，功能较多，地位重要。它既可用于存放操作数，也可用来存放运算的中间结果。MCS-51单片机中大部分单操作数指令的操作数就取自累加器，许多双操作数指令中的一个操作数也取自累加器。

3）B寄存器　B寄存器也是一个8位寄存器，主要用于乘除运算。乘法运算时，B存乘数，乘法操作后，乘积的高8位存于B中；除法运算时，B存除数，除法操作后，余数存于B中。此外，B寄存器也可作为一般寄存器使用。

4）程序状态字（Program Status Word，PSW）　程序状态字是一个8位寄存器，用于存放程序运行中的各种状态信息。其中有些位的状态是根据程序执行结果，由硬件自动设置的，而有些位的状态则使用软件方法设定。PSW的位状态可以用专门指令进行测试，也可以用指令读出。一些条件转移指令根据PSW某些位的状态进行程序转移。PSW的各位定义如表1-8所示。

表1-8　PSW的各位定义

D7H	D6H	D5H	D4H	D3H	D2H	D1H	D0H
CY	AC	F0	RS1	RS0	OV	—	P

PSW的字节地址为D0H。

除PSW.1位保留未用外，其余各位的定义及使用如下。

CY（PSW.7）：进位标志位。CY是PSW中最常用的标志位。其功能有二：一是存放算术运算的进位标志，在进行加或减运算时，如果操作结果的最高位有进位或借位时，CY由硬件置"1"，否则清"0"；二是在位操作中作累加位使用。位传送、位与位等位操作，进位标志位是固定的操作位之一。

AC（PSW.6）：辅助进位标志位。在进行加或减运算中，当低4位向高4位进位或借位时，AC由硬件置"1"，否则AC位清"0"。在BCD码调整中也要用到AC位状态。

F0（PSW.5）：用户标志位。这是一个供用户定义的标志位，需要利用软件方法置位或复位，用于控制程序的转向。

RS1和RS0（PSW.4和PSW.3）：工作寄存器组选择位。它们被用于选择CPU当前使用的通用寄存器组。通用寄存器共有4组，其对应关系如表1-9所示。

表1-9　通用寄存器组的选择

RS1	RS0	寄存器组	片内RAM地址
0	0	第0组	00H~07H
0	1	第1组	08H~0FH
1	0	第2组	10H~17H
1	1	第3组	18H~1FH

这两个选择位的状态是由软件设置的，被选中的寄存器组即为当前通用寄存器组。当单片机上电或复位后，RS1、RS0=00。

OV（PSW.2）：溢出标志位。在带符号数的加减运算中，OV=1 表示加减运算超出了累加器 A 所能表示的符号数有效范围（-128~+127），即产生了溢出；因此运算结果是错误的；OV=0 表示运算正确，即无溢出产生。

在乘法运算中，OV=1 表示乘积超过 255，即乘积分别在 B 与 A 中；OV=0 表示乘积只在 A 中。

在除法运算中，OV=1 表示除数为 0，除法不能进行；OV=0 表示除法可正常进行。

P（PSW.0）：奇偶标志位，表明累加器 A 中内容的奇偶性。如果 A 中有奇数个"1"，则 P 置"1"，否则置"0"。凡是改变累加器 A 中内容的指令均会影响 P 标志位。

该标志位对串行通信中的数据传输有重要的意义，在串行通信中常采用奇偶校验的办法来校验数据传输的可靠性。

5）数据指针（DPTR） 数据指针为 16 位寄存器。编程时，DPTR 既可以按 16 位寄存器使用，也可以按两个 8 位寄存器分开使用，即：

    DPH DPTR 高 8 位字节
    DPL DPTR 低 8 位字节

DPTR 通常在访问外部数据存储器时作地址指针使用。由于外部数据存储器的寻址范围为 64KB，故把 DPTR 设计为 16 位。

6）堆栈指针（Stack Pointer，SP） 堆栈是一个特殊的存储区，用来暂存数据和地址，它是按"先进后出"的原则存取数据的。堆栈共有两种操作：进栈和出栈。

由于 MCS-51 单片机的堆栈设在内部 RAM 中，因此 SP 是一个 8 位寄存器。系统复位后，SP 的内容为 07H，从而复位后堆栈实际上是从 08H 单元开始的，但 08H~1FH 单元分别属于工作寄存器 1~3 区，如果程序要用到这些区，最好把 SP 值改为更大的值。一般在内部 RAM 的 30H~7FH 单元中开辟堆栈。SP 的内容一经确定，堆栈的位置也就跟着确定下来，由于 SP 可初始化为不同的值，因此，堆栈位置是浮动的。

这里只集中讲述了 6 个专用寄存器，其余的专用寄存器（如 TCON、TMOD、IE、IP、SCON、PCON、SBUF 等）将在以后章节中陆续介绍。

（2）特殊功能寄存器中的字节寻址和位寻址

MCS-51 系列单片机有 21 个可寻址的专用寄存器，其中有 11 个专用寄存器是可以进行位寻址的。下面把各寄存器的字节地址及位地址列于表 1-10 和表 1-11 中。

表 1-10 专用寄存器地址表

符 号	名 称	地 址
ACC	累加器	E0H
B	B 寄存器	F0H
PSW	程序状态字	D0H
SP	堆栈指针	81H
DPTR	数据指针（包括 DPH 和 DPL）	82H
		83H
P0	P0 口锁存寄存器	80H
P1	P1 口锁存寄存器	90H
P2	P2 口锁存寄存器	A0H
P3	P3 口锁存寄存器	B0H

(续)

符 号	名 称	地 址
IP	中断优先级控制寄存器	B8H
IE	中断允许控制寄存器	A8H
TMOD	定时/计数器工作方式状态寄存器	89H
TCON	定时/计数器控制寄存器	88H
TH0	定时/计数器0（高字节）	8CH
TL0	定时/计数器0（低字节）	8AH
TH1	定时/计数器1（高字节）	8DH
TL1	定时/计数器1（低字节）	8BH
SCON	串行口控制寄存器	98H
SBUF	串行口数据缓冲器	99H
PCON	电源控制寄存器	87H

表 1-11 可进行位寻址的 SFR 的分布

SFR	MSB			位地址/位定义				LSB	字节地址
B0	F7H	F6H	F5H	F4H	F3H	F2H	F1H	F0H	F0H
ACC	E7H	F6H	E5H	E4H	E3H	E2H	E1H	E0H	E0H
PSW	D7H	D6H	D5H	D4H	D3H	D2H	D1	D0H	D0H
	CY	AC	F0	RS1	RS0	OV	—	P	
IP	BFH	BEH	BDH	BCH	BBH	BAH	B9H	B8H	B8H
			PS	PT1	PX1	PT0	PX0		
P3	B7	B6	B5	B4	B3	B2	B1	B0	B0H
	P3.7	P3.6	P3.5	P3.4	P3.3	P3.2	P3.1	P3.0	
IE	AF	AE	AD	AC	AB	AA	A9	A8	A8H
	EA			ES	ET1	EX1	ET0	EX0	
P2	A7	A6	A5	A4	A3	A2	A1	A0	A0H
	P2.7	P2.6	P2.5	P2.4	P2.3	P2.2	P2.1	P2.0	
SCON	9F	9E	9D	9C	9B	9A	99	98	98H
	SM0	SM1	SM2	REN	TB8	RB8	TI	RI	
P1	97	96	95	94	93	92	91	90	90H
	P1.7	P1.6	P1.5	P1.4	P1.3	P1.2	P1.1	P1.0	
TCON	8F	8E	8D	8C	8B	8A	89	88	88H
	TF1	TR1	TF0	TR0	IE1	IT1	IE0	IT0	
P0	87	86	85	84	83	82	81	80	80H
	P0.7	P0.6	P0.5	P0.4	P0.3	P0.2	P0.1	P0.0	

对专用寄存器的字节寻址问题做如下几点说明。

1) 21 个可字节寻址的专用寄存器不连续地分散在内部 RAM 高 128 字节之中，尽管还有许多空闲地址，但用户并不能使用。

2) 程序寄数器 PC 不占据 RAM 单元，它在物理上是独立的，因此是不可寻址的寄存器。

3) 对专用寄存器只能使用直接的寻址方式，书写时既可使用寄存器符号，也可使用寄存器单元地址。

全部专用寄存器可位寻址的位共 83 位，这些位都具有专门的定义和用途。这样，加上位寻址的 128 位，在 MCS-51 的内部 RAM 中共有 128+83=211 个可寻址位。

4. 内部程序存储器

MCS-51 的程序存储器用于存放编好的程序和表格常数。8051 片内有 4 KB 的 ROM，8751 片内有 4 KB 的 EPROM，8031 片内无程序存储器。MCS-51 的片外最多能扩张 64 KB 程序存储器，片内外的 ROM 是统一编址的。$\overline{EA}$ 端保持高电平时，8051 的程序计数器 PC 在 0000H~0FFFH 地址范围内（即前 4KB 地址）执行片内 ROM 中的程序，当 PC 在 1000H~FFFFH 地址范围内时，自动执行片外程序存储器中的程序；$\overline{EA}$ 保持低电平时，只能寻址外部程序存储器，片外存储器可以从 0000H 开始编址。

MCS-51 程序存储器有些单元具有特殊功能，使用时应予以注意。

其中一组特殊单元为 0000H~0002H。系统复位后，(PC)= 0000H，单片机从 0000H 单元开始取指令执行程序。如果程序不从 0000H 单元开始，应在这三个单元中存放一条无条件转移指令，以便直接转去执行指定的程序。

还有一组特殊的单元是 0003H~002AH，共 40 个单元。这 40 个单元被均匀地分为 5 段，作为 5 个中断源的中断地址区，其中：

0003H~000AH 为外部中断 0 中断地址区；

000BH~0012H 为定时/计数器 0 中断地址区；

0013H~001AH 为外部中断 1 中断地址区；

001BH~0022H 为定时/计数器 1 中断地址区；

0023H~002AH 为串行中断地址区。

中断响应后，按中断种类，自动转到各中断区的首地址区执行程序，因此在中断地址区中理应存放中断服务程序。通常情况下，8 个单元难以存下一个完整的中断服务程序，因此也通常从中断地址区首地址开始存放一条无条件转移指令，以便中断响应后，通过中断地址区再转到中断服务程序的实际入口地址。

1.2.3 任务实施

1.2.3.1 硬件电路设计

蜂鸣器发音控制的电气原理图如图 1-33 所示。蜂鸣器的其中一个引脚接地，另外一个引脚接在 PNP 晶体管的发射极。PNP 晶体管的集电极接在 +5 V 电源上。单片机上的 P2.0 引脚接在 PNP 晶体管的基极，提供固有频率的高低电平交替信号，使蜂鸣器发出嘀嘀声。根据图 1-33 绘制仿真硬件电路图。

1.2.3.2 软件程序设计

本仿真要实现的功能比较简单，对 P2.0 引脚的高低电平状态进行交互控制就可以实现。首先需要利用 sbit 语句对 P2.0 引脚进行定义，定义的名称为 beep，之后对 beep 进行赋值，当 beep 赋值为 0 的时候，P2.0 引脚处于低电平状态，蜂鸣器不发出声音，当 beep 赋值

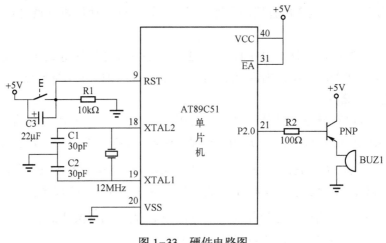

图1-33 硬件电路图

为1的时候，P2.0引脚处于高电平状态，蜂鸣器发出声音，在出声和不出声状态中间加上延迟函数，就达到了想要的结果。

设计的程序如下：

```c
#include<reg51.h>              //预处理命令,定义MCS-51单片机各寄存器的存储器映射
sbit beep=P2^0;                //定义引脚
void delay(unsigned char i);   //延时函数
void main()                    //主程序
{
    while(1)                   //无限循环语句
    {
        beep=0;                //使P2.0引脚为低电平,蜂鸣器不发声
        delay(50);             //延时
        beep=1;                //使P2.0引脚为高电平,蜂鸣器发声
        delay(50);             //延时
    }
}
void delay(unsigned char i)    //延时子程序
{
    unsigned char j,k;         //定义两个无符号变量j,k
    for(k=0;k<i;k++)           //循环语句
    for(j=0;j<255;j++);        //循环语句
}
```

1.2.3.3 仿真结果

将Keil C51软件编译生成的十六进制文件加载到芯片中。单击"运行"按钮，启动系统仿真，蜂鸣器发出一定频率的嘀嘀声。仿真图如图1-34所示。

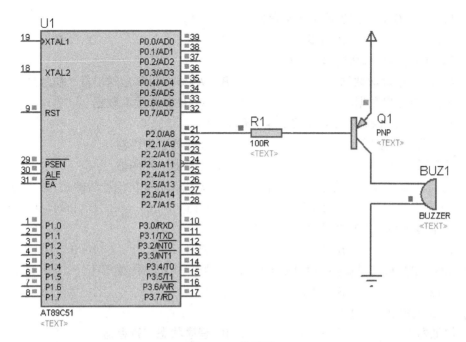

图 1-34 仿真图

1.3 习题

1. 填空题

1) 当 MCS-51 引脚 ALE 有效时，表示从 P0 口稳定地送出了_____地址。

2) MCS-51 系统中，当 PSEN 信号有效时，表示 CPU 要从_____存储器读取信息。

3) 一个机器周期=_____个振荡周期=_____个状态周期。

4) 在 MCS-51 单片机中，如果采用 6 MHz 晶振，1 个机器周期为_____。

5) 片内 RAM 低 128 个单元划分为三个主要部分：_____、_____和_____。

6) MCS-51 单片机片内 RAM 的寄存器共有_____个单元，分为_____组寄存器，每组_____个单元，以 R0~R7 作为寄存器名称。

7) 8051 的程序状态字寄存器 PSW 是一个_____位的专用寄存器，用于存储程序运行中的各种状态信息。

8) 单片机的复位有上电_____和_____两种，当单片机运行出错或进入死循环时，可按复位键重新启动。

9) 单片机的_____是执行一条指令所需要的时间。一般由若干个_____组成。

10) 当 8051 单片机的晶振频率为_____时，ALE 地址锁存信号端的输出频率为 2 MHz 的方脉冲。

2. 选择题

1) 当 MCS-51 复位时，下面说法正确的是（　　）。
A. PC=0000H　　　B. SP=00H　　　C. SBUF=00H　　　D. P0=00H

2）PSW=18H 时，则当前工作寄存器是（   ）。
A. 0 组　　　　　　B. 1 组　　　　　　C. 2 组　　　　　　D. 3 组

3）当 ALE 信号有效时，表示（   ）。
A. 从 ROM 中读取数据　　　　　　B. 从 P0 口可靠地送出低 8 位地址
C. 从 P0 口送出数据　　　　　　　D. 从 RAM 中读取数据

4）MCS-51 单片机的 CPU 主要的组成部分为（   ）。
A. 运算器、控制器　　　　　　　　B. 加法器、寄存器
C. 运算器、加法器　　　　　　　　D. 运算器、译码器

5）访问外部存储器或其他接口芯片时，作数据线和低 8 位地址线的是（   ）。
A. P0 口　　　　　　B. P1 口　　　　　　C. P2 口　　　　　　D. P0 口 和 P2 口

6）上电复位后，PSW 的值为（   ）。
A. 1　　　　　　　　B. 07H　　　　　　　C. FFH　　　　　　　D. 0

7）8051 单片机若晶振频率为 $f_{osc}=12\,MHz$，则一个机器周期等于（   ）μs。
A. 1/12　　　　　　B. 1/2　　　　　　　C. 1　　　　　　　　D. 2

8）ALU 表示（   ）。
A. 累加器　　　　　　　　　　　　B. 程序状态字寄存器
C. 计数器　　　　　　　　　　　　D. 算术逻辑部件

9）8051 单片机的 VSS（20）引脚是（   ）引脚。
A. 主电源+5 V　　　B. 接地　　　　　　C. 备用电源　　　　D. 访问片外存储器

10）单片机应用程序一般存放在（   ）中。
A. RAM　　　　　　　B. ROM　　　　　　　C. 寄存器　　　　　　D. CPU

项目 2 单片机输入/输出电路设计

本项目从左右循环流水灯控制设计及仿真入手,首先让读者对单片机并行 I/O 端口电路结构有一个初步了解;然后通过一个简单的彩灯显示开关状态设计及仿真,介绍单片机及应用系统涉及的 C 语言基本语句;最后通过模拟汽车控制灯控制设计及仿真,介绍 C 语言数据类型、C 语言运算符及 C 语言函数,让读者了解单片机及单片机应用系统的输入/输出电路及基本程序语言使用。

2.1 任务 1 左右循环流水灯控制设计与仿真

2.1.1 任务描述

本任务要求采用单片机制作一个 8 位彩灯(发光二极管)闪烁的控制系统,其重点是熟悉单片机的 I/O 端口的输入/输出操作控制。

2.1.2 相关知识

80C51 系列单片机有 4 个并行 I/O 端口:P0 口、P1 口、P2 口和 P3 口,每个端口都有 8 个引脚,共 32 个 I/O 引脚,它们都是双向通道,每个 I/O 端口都能独立用作输入/输出数据,P0 口又可以作为地址总线低 8 位/数据总线,P1 口无第二作用(仅仅具有输入/输出数据作用),P2 口又可以作为地址总线高 8 位,P3 口还有重要的第二功能。下面分别叙述各个端口的结构、功能和使用方法。

2.1.2.1 P0 口电路结构及功能

1. P0 口电路结构

P0 口(P0.0~P0.7):P0 口一位电路结构如图 2-1 所示,它是由一个输出锁存器(由

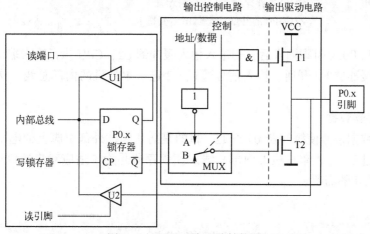

图 2-1 P0 口一位电路结构图

D 触发器组成 1 个锁存器构成特殊功能寄存器 P0.x)、一个输出驱动电路（由一对上拉和下拉场效应晶体管 T1 和 T2 组成，以增加带载能力)、两个三态门（三态门 U1 用于读锁存器端口，三态门 U2 用于引脚输入缓冲）和一个控制电路（包括一个与门、一个反相器和一个转换开关）组成。输出驱动电路的工作状态受控制电路的控制。

2. P0 口功能

P0 口 （P0.0~P0.7）：P0 口的第一功能是 8 位漏极开路的准双向 I/O 端口。第二功能是在访问外部存储器时，分时用作低八位地址总线和双向数据总线。

（1）通用 I/O 端口

当 P0 口引脚作为输入/输出端口时，CPU 令"控制"端信号为低电平，作用是让多路开关 MUX B 导通，A 断开；"0" 信号通过与门控制场效应晶体管 T1 截止，致使输出级为开漏输出。

1）输出数据

图 2-1 中 D 触发器即锁存器，目的是让单片机从总线发送过来的数据能保存在这个"盒子"中，即使单片机执行其他指令，锁存器中的数据也不会丢失改变。锁存器中数据在输出端为取反值（锁存器中为 0，$\overline{Q}$ 输出为 1；锁存器中为 1，$\overline{Q}$ 输出为 0）。当总线数据为 0 时，$\overline{Q}$ 输出值为 1，场效应晶体管 T2 饱和导通，流过外接上拉电阻的电流很大，从而在上拉电阻上产生很大的电压降，外接 VCC 电压经过压降后，此时 P0.x 引脚输出为 0；当总线数据为 1 时，$\overline{Q}$ 输出值为 0，场效应晶体管 T2 截止，上拉电阻将电位拉至高电平，此时 P0.x 引脚输出为 1。由于锁存器的存在，只要单片机没有新的数据传送过来，这个输出值就会保持下去。

2）输入数据

P0 口是准双向口，所谓准双向口，就是在读端口数据前，先向相应的锁存器执行写 "1" 操作。因为当 P0 作为输入数据时，前提必须是场效应晶体管 T2 截止（T2 如果导通，则 P0 口引脚上的输入数据被 T2 短路），因此必须先向锁存器写入 "1"，$\overline{Q}$=0，T2 截止。因此，当读引脚外部数据时，C 语言程序先写一条语句 "P0=0xff;"，再读引脚的外部数据。

例如：

```
unsigned char i;        //定义无符号字符型变量 i
P0=0xff;                //P0 口作为输入口,必须先置 1
i=P0;                   //读 P0 的外部状态赋值给变量 i
```

输入数据从 P0.x 引脚输入后，先进入输入缓冲器 U2，CPU 执行输入端口指令后，读引脚信号使输入缓冲器 U2 开通，输入信号通过 U2 进入单片机的内部总线，从而实现外部数据输入。

3）读锁存器数据

读锁存器数据信号使缓冲器 U1 开通，目的是防止错读外部引脚上的电平信号，锁存器 Q 端的信号通过 U1 进入单片机的内部总线。读锁存器是为了适应对应端口进行的"读-修改-写"指令语句的需要。

例如：

```
P0=P0&0xfe;      //将 P0 口的最低位引脚清零输出
```

（2）地址/数据总线

在进行单片机系统扩展时，P0 口作为单片机系统的地址/数据总线使用。

1）地址/数据总线输出

当 P0 口引脚作为地址/数据总线输出端口时，CPU 令"控制"端信号为高电平，作用是让 MUX 多路开关 A 导通，B 断开；"地址/数据"输入端信号通过与门驱动场效应晶体管 T1 导通或截止，"地址/数据"输入端信号同时也通过反相器 F 驱动场效应晶体管 T2 导通或截止，结果在引脚上就是地址/数据输出信号。当"地址/数据"输出为"1"时，与门输出为"1"，场效应晶体管 T1 导通，反相器输出"0"，场效应晶体管 T2 截止，引脚输出为"1"。反之若"地址/数据"输入端信号为"0"时，引脚输出为"0"。

2）数据总线输入

P0 口作为数据总线输入与作为一般输入口情况相同。

80C51 系列单片机的 P0 口在并行扩展外存储器时，只能作为地址/数据总线；在不作为并行扩展外存储器时，能作为通用 I/O 端口使用。P0 口的输出级可驱动 8 个 LSTTL 门电路。

2.1.2.2　P1 口电路结构及功能

1. P1 口电路结构

P1 口（P1.0~P1.7）：P1 口的功能只能作为 8 位漏极开路的准双向 I/O 端口。P1 口某一位的内部逻辑电路如图 2-2 所示。从 P1 口的结构可以看出，它内部比 P0 口增加了上拉电阻（替换掉一个与门和场效应晶体管），少了地址/数据的传送电路和多路转换开关 MUX。

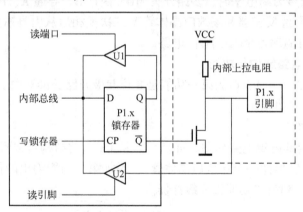

图 2-2　P1 口一位电路结构图

2. P1 口功能

P1 口作为通用 I/O 端口时的功能和使用方法与 P0 相似。唯一不同的是不需要外接上拉电阻。P1 口的输出级可驱动 4 个 LSTTL 门电路。

2.1.2.3　P2 口电路结构及功能

P2 口（P2.0~P2.7）：P2 口的第一功能是 8 位漏极开路的准双向 I/O 端口，第二功能是地址总线的高 8 位。

1. P2 口电路结构

P2 口某一位的内部逻辑电路如图 2-3 所示。从 P2 口的结构可以看出，它内部比 P0 口增加了上拉电阻（替换掉一个与门和场效应晶体管），增加了地址的传送电路（替换掉地址/数据的传送电路），并将一个反相器更改了位置。

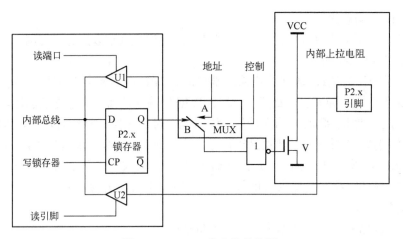

图 2-3 P2 口一位电路结构图

2. P2 口功能

(1) 通用 I/O 端口

当"控制"端信号为低电平时，多路开关 MUX 截止 A，导通 B，P2 口作为通用 I/O 端口使用，其功能和使用方法与 P1 口相同。

(2) 地址总线

当"控制"端信号为高电平时，多路开关 MUX 截止 B，导通 A，P2 口作为地址总线使用，"地址"输出信号经反相器和场效应晶体管 V 二次反相后从引脚输出。

P2 口的输出级可驱动 4 个 LSTTL 门电路。

2.1.2.4 P3 口电路结构及功能

P3 口（P3.0~P3.7）：P3 口的第一功能是 8 位漏极开路的准双向 I/O 端口，同时 P3 口的每一个引脚都有第二功能。

1. P3 口电路结构

P3 口某一位的内部逻辑电路如图 2-4 所示。从 P3 口的结构可以看出，它内部比 P0 口增加一个上拉电阻（替换掉一个场效应晶体管），增加第二功能输出的传送电路（替换掉地址/数据的传送电路）和第二功能输入缓冲器。

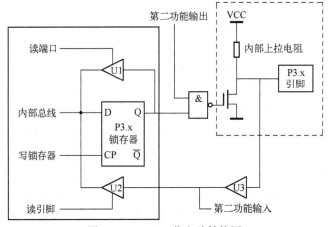

图 2-4 P3 口一位电路结构图

2. P3 口功能

（1）通用 I/O 端口

当"第二功能输出"端输出为高电平，锁存器 Q 端信号控制与非门输出，总线输出信号与引脚输出信号相同。P3 口的通用 I/O 端口的功能和使用方法与 P1 口、P2 口相同。P3 口的输出级可驱动 4 个 LSTTL 门电路。

（2）引脚第二功能

当 P3 的 8 个引脚作为第二功能输出使用时，CPU 将该位的锁存器置"1"，使与非门只受"第二功能输出"控制，"第二功能输出"信号经过与非门和场效应晶体管 V 二次反相后输出到该位引脚上。

当 P3 的 8 个引脚作为第二功能输入使用时，"第二功能输出"端和锁存器自行置"1"，场效应晶体管 V 截止，引脚上的信号经缓冲器 U3，被送至"第二功能输入"端。

2.1.3 任务实施

2.1.3.1 硬件电路设计

单片机控制彩灯闪烁硬件电路如图 2-5 所示。

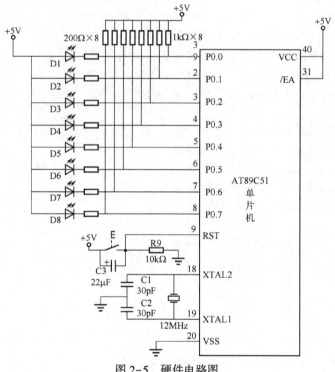

图 2-5 硬件电路图

2.1.3.2 软件程序设计

由于发光二极管流过的电流一般为 3~5 mA，因此在硬件上采用由单片机直接输出电流的电路形式，二极管显示状态如表 2-1 所示。

通过分析显示状态表，不难看出程序的结构十分相似，P1 口的状态值是在前一个状态值的基础上向左移动一位，于是可以用 _crol_( ) 循环左移函数和 _cror_( ) 循环右移函数实现发光二极管循环点亮。

表 2-1 显示状态表

P0.7	P0.6	P0.5	P0.4	P0.3	P0.2	P0.1	P0.0	说明
1	1	1	1	1	1	1	1	全灭
0	0	0	0	0	0	0	0	全亮
1	1	1	1	1	1	1	0	D1 亮
1	1	1	1	1	1	0	1	D2 亮
1	1	1	1	1	0	1	1	D3 亮
1	1	1	1	0	1	1	1	D4 亮
1	1	1	0	1	1	1	1	D5 亮
1	1	0	1	1	1	1	1	D6 亮
1	0	1	1	1	1	1	1	D7 亮
0	1	1	1	1	1	1	1	D8 亮

设计程序如下。

```c
//任务 2-1 程序:ex2-1.c
//功能:采用循环全亮、全灭、左移、右移函数实现彩灯闪烁控制
#include<reg51.h>        //预处理命令,定义 MCS-51 单片机各寄存器的存储器映射
#include<intrins.h>      //预处理命令,包含很多算法程序
void Delay(unsigned char a)  //延时子程序
{   unsigned char i;     //定义变量 i 为无符号字符类型
    while(--a)           //while-do 型循环
    {  for(i=0;i<125;i++);  //for( )语句构成空循环
    }
}
void main( )             //主函数
{   unsigned char b,i,j,l;
    while(1)             //无限循环
    {  for(i=0;i<3;i++)  //循环三次亮灭
       {
            P0=0xff;
            Delay(250);
            P0=0x00;
            Delay(250);
       }
       b=0xfe;           //赋值语句
       for(j=0;j<8;j++)  //彩灯依次左移 8 次
       {  P1=b;
          Delay(250);
          b=_crol_(b,1); //循环左移函数
       }
       b=0x7f;
       for(l=0;l<8;l++)  //彩灯依次右移 8 次
       {
```

```
            P0=b;
            Delay(250);
            b=_cror_(b,1);        //循环右移函数
        }
    }
}
```

2.1.3.3 仿真结果

仿真结果如图2-6所示。观察 LED 发光二极管从 D1~D8 循环点亮。

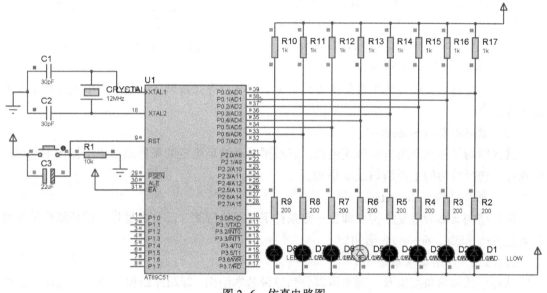

图 2-6 仿真电路图

2.2 任务2 彩灯显示开关状态设计与仿真

2.2.1 任务描述

本任务要求采用单片机制作一个彩灯显示开关状态电路系统,主要掌握 C 语言的基本理论知识,其重点是熟悉单片机 C 语言编写语句的应用。

2.2.2 相关知识

2.2.2.1 C 语言介绍

C 语言是一种通用的、过程式的编程语言,广泛用于系统与应用软件的开发。具有高效、灵活、功能丰富、表达力强和移植性较高等特点,在编程者中备受青睐。

1. C 语言优点

1)对单片机的指令系统不需要了解,仅要求对存储器有了解。
2)编译器管理寄存器的分配、不同存储器的寻址及数据类型等细节。
3)程序结构化,程序有规范的结构,可以通过函数实现小功能执行。

4) 具有将可变的选择与特殊操作组合在一起的能力,改善了程序的可读性。
5) 用近似人的思维来使用关键字和运算函数。
6) 提供强大包含有多个标准子程序的库,具有较强的数据处理能力。
7) 很容易将新程序植入已编写好的程序,因为 C 语言具有模块化编程技术。
8) 编程和程序调试时间短,编程效率高。

2. C 语言程序结构

单片机 C51 语言是一种结构化的程序设计语言,C 语言程序的结构如图 2-7 所示。程序是解决问题的软件部分,而语句是组成程序的基础,学习语句的流程与控制非常重要。单片机 C51 语言采用 3 种经典程序结构。

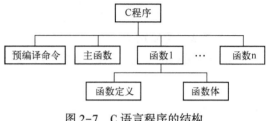

图 2-7 C 语言程序的结构

(1) 顺序结构 (Sequence)

顺序结构就是按顺序地执行各条语句,无须循环也无须跳转,它是最简单也是最基本的流程控制语句。

(2) 选择结构 (Selection)

选择结构又称判断结构或分支结构,它根据是否满足给定的条件而从多组操作中选择一种操作。选择结构的主要语句是 if 语句。

(3) 循环结构 (Repetition)

循环结构又称为重复结构,即在一定条件下反复执行某一部分的操作,循环结构的主要语句是 for、while、do-while 语句。

2.2.2.2 C 语言基本语句

从程序流程的角度来看,程序可以分为三种基本结构,即顺序结构、分支(选择)结构和循环结构。这三种基本结构可以组成所有的各种复杂程序。C 语言提供了多种语句来实现这些程序结构。

1. 表达语句与复合语句

(1) 表达式语句

表达式语句是众多语句中最基本的一种语句。所谓表达式语句就是由一个表达式构成的程序语句。单片机 C 语言中所有的语句都是分号结束,在分号出现之前,语句是不完整的,其一般形式如下。

```
表达式;
```

例如:

```
P1 = 0x00;
```

(2) 复合语句

复合语句就是把多个语句用"{ }"括起来组成一个语句,组合在一起形成具有一定功能的模块,这种由若干条语句组成的语句块称为复合语句。复合语句之间用"{ }"分隔,而它内部的各条语句需要用";"分隔。复合语句是允许嵌套的。

2. 选择语句

选择语句又称为条件语句（分支语句），此语句能够改变程序的流程。在 C 语言中，选择语句包括 if 语句和 switch 语句，下面分别进行介绍。

（1）基本 if 语句

基本 if 语句的格式如下：

```
if(表达式)
{
语句组 1;
}
else
{
语句组 2;
}
```

if 语句的执行过程：当表达式为非 0（true）即真时，则执行语句组 1；当表达式为 0（false）即假时，则执行语句组 2。

其中语句组 2 是可选项，可以默认不写，此时基本 if 语句变成：

```
if(表达式){语句组;}
```

注意：

1) 当语句组为一条表达式时，"{ }"可以不写，但初学者最好写。

2) if 语句可以嵌套，C 语言规定：else 语句与同一级别中最近的一个 if 语句匹配。

（2）if-else-if 语句

当有多个分支选择时，可采用 if-else-if 语句，其一般格式如下。

```
if(表达式 1)
{
语句组 1;
}
else if(表达式 2)
{
    语句组 2;
}
...
    else if(表达式 m)
{
    语句组 m;
}
    else
{
    语句组 n;
}
```

执行该语句时，依次判断表达式的值，当表达式的值为真时，则执行其对应的语句。然后跳到整个 if 语句之外继续执行程序；如果所有的表达式均为假，则执行语句 n，然后继续执行后续程序。if-else-if 语句的执行过程如图 2-8 所示。

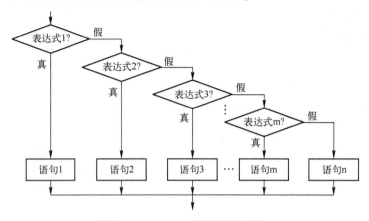

图 2-8　if-else-if 语句执行过程

(3) switch 语句

当编程遇到的判断条件较少时（三个判断条件以下），if 语句执行效果较好，但是当遇到判断条件较多时，if 语句就会降低程序的可读性。C 语言还提供了另一种用于多分支选择的 switch 语句，其一般形式为

```
switch(表达式)
{
case 常量表达式 1：语句组 1;break;
case 常量表达式 2：语句组 2;break;
…
case 常量表达式 n：语句组 n;break;
default：语句组 n+1;
}
```

执行该语句时，先计算"表达式"的值，并逐个与 case 后面的"常量表达式"值相比较，当"表达式"的值与某个"常量表达式"的值相等时，即执行其后的语句，再执行 break 语句，跳出 switch 语句的执行，继续执行下一条语句。如表达式的值与所有 case 后的"常量表达式"均不相同时，则执行 default 后的语句。

小提示：

1) case 后面的"常量表达式"的值不能相同，否则会出现同一个条件有两种以上解决方案的矛盾。

2) 在 switch 语句中，"case 常量表达式"只相当于一个语句标号，表达式的值和某标号相等则转向该标号执行，但不能在执行完该标号的语句后自动跳出整个 switch 语句，所以出现了继续执行所有后面 case 语句的情况。这与前面介绍的 if 语句是完全不同的，应特别注意。为了避免上述情况，C 语言还提供了一种 break 语句，专用于跳出 switch 语句，break 语句只有关键字 break，没有参数。

3) case 语句后,允许有多个语句,可以不用{}括起来。
4) default 语句后面可以是表示式,也可以是空语句(表示不做任何处理),可以省略。

3. 循环语句

在结构化程序设计中,循环程序结构是一种非常重要的程序结构。循环语句的作用是:当条件满足时,重复执行程序段,执行程序功能。给定的条件称为循环条件,反复执行的程序段称为循环体。在 C 语言中,循环程序结构分为三种语句:while 语句、do-while 语句和 for 语句。

(1) while 语句

while 语句的一般形式为

```
while(表达式)
{
语句组;//循环体
}
```

其中表达式是循环条件,当值为真(非 0)时,执行循环体语句;当值为假(0)时,则退出整个 while 循环语句,流程如图 2-9 所示。

小提示:

1) 语句中的表达式一般是关系或逻辑表达式,只要表达式的值为真(非 0)即可循环。

2) 循环体如包括一条以上的语句,则必须用 {} 括起来,组成复合语句。

3) 通常在使用 while 语句进行循环程序设计时,循环体内最好包含修改循环条件的语句,以使循环逐渐趋于结束,避免出现死循环。

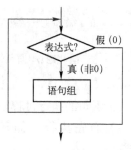

图 2-9 while 语句执行流程

【例 2-1】 用 while 语句计算 1~100 累加和。

```
int i,sum;
i=1; sum=0;
    while(i<=100)
    { sum=sum+i;
      i++;
    }
```

(2) do-while 语句

do-while 语句的一般形式为

```
do
{
语句组;//循环体
}while(表达式);
```

此循环与 while 循环的区别在于：它先执行一次循环中的语句，然后再判断表达式是否为真，如果为真则继续循环；如果为假，则终止循环。因此，do-while 循环至少要执行一次循环语句。do-while 语句执行过程如图 2-10 所示。

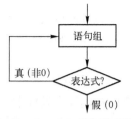

图 2-10 do-while 语句执行流程

【例 2-2】用 do-while 语句求 1~100 累加和。

```
main()
{   int i,sum=0;        //循环控制变量i初始值为1,和变量初始值为0
    i=1;
    do{ sum=sum+i;      //累加和
        i++;            //i增加1,修改循环控制变量
    }
    while(i<=100);      //判断i是否小于或等于100,满足则循环,否则跳出
}
```

(3) for 语句

在 C 语言中，for 语句使用最为灵活，它完全可以取代 while 语句。它的最简单最常用的形式为

```
for(循环变量赋初值;循环条件;修改循环变量)
{
    语句组;//循环体
}
```

for 语句的执行过程如图 2-11 所示。

1) 首先执行"循环变量赋初值"，一般为一个赋值表达式。

2) 判断"循环条件"，若其值为真（非0），则执行 for 语句中指定的内嵌语句组，然后执行下面第3) 步；若其值为假(0)，则结束循环，转到第5) 步。

3) 执行"修改循环变量"，定义每一次循环后变量如何变化。

4) 转回上面第2) 步继续执行。

5) 循环结束，执行 for 语句下面一条语句。

例如：

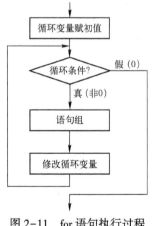

图 2-11 for 语句执行过程

```
for(i=1;i<=100;i++)
{ sum=sum+i;
}
```

小提示：

1) for 循环中的"循环变量赋初值""循环条件"和"循环变量增量"都是选择项，即可以缺省，但分号不能缺省，当三者都省略时，for 语句格式为 for(;;)。

2）省略了"循环变量赋初值",表示不对循环控制变量赋初值。

3）省略了"循环条件",如果不进行其他处理时便成为死循环。

4）省略了"循环变量增量",则不对循环控制变量进行操作,这时可在语句体中加入修改循环控制变量的语句。

三种循环的比较：

1）while 和 do-while 循环,循环体中应包括使循环趋于结束的语句。

2）for 语句功能最强,也最常用。

3）用 while 和 do-while 循环时,循环变量初始化的操作应在 while 和 do-while 语句之前完成,而 for 语句包括实现循环变量的初始化。

小提示：for 循环是最常用的循环,它的功能强大,可以代替其他循环。

2.2.3 任务实施

2.2.3.1 硬件电路设计

单片机控制开关状态显示硬件电路如图 2-12 所示。

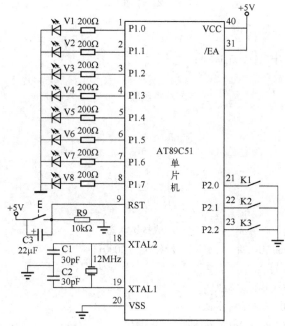

图 2-12 开关状态显示电路硬件电路

2.2.3.2 软件程序设计

这是属于标准的输入/输出电路设计问题,低电平表示开关接通,输出通过上拉电阻接发光二极管,灯光显示状态如表 2-2 所示。

表 2-2 开关与彩灯亮灭关系

开关状态			彩灯亮灭状态
0	1	1	循环左移
1	0	1	循环右移
1	1	0	循环左移、右移
1	1	1	循环全亮、全灭

将 P2 口状态对应 P0 显示,建立数据表,先读 P2 口的值,屏蔽掉多余的 5 位,再用查表指令取数,保留拨码开关三位状态,再根据 P2 口的值的大小,控制三个发光二极管亮灭,程序可用 switch 语句实现三个开关状态的显示。

程序设计如下。

```c
//任务 2-2 程序:ex2-2.c
//功能:采用 switch 语句实现三个开关状态的显示控制程序
#include <reg51.h>
#include <intrins.h>
#define uchar unsigned char
#define uint unsigned int
void left();                    //函数声明
void right();                   //函数声明
void leftright();               //函数声明
void liangmie();                //函数声明
void delayms(uint x)            //延时函数
{
    uchar i;
    while(x--)for(i=0;i<200;i++);
}
void main()                     //主函数
{
    uchar button;
    P2=0xff;
    P0=0xff;
    while(1)
    {
        button=P2;              //取按键状态
        button=button&0x07;     //按位与 0000111
        switch(button)
        {   case 0x06:left();break;
            case 0x05:right();break;
            case 0x03:leftright();break;
            case 0x07:liangmie();break;
            default:break;
        }
    }
}
void left()
{   unsigned char b,j;
    b=0x01;
        for(j=0;j<8;j++)
        {
```

```
                    P1=b;
                    delayms(500);
                    b=_crol_(b,1);
                }
        }
    void right()
        { unsigned char b,j;
            b=0x80;
                for(j=0;j<8;j++)
                {
                    P1=b;
                    delayms(500);
                    b=_cror_(b,1);
                }
        }
    void leftright()
        { unsigned char b,j;
            b=0x01;
            for(j=0;j<8;j++)
                {
                    P1=b;
                    delayms(500);
                    b=_crol_(b,1);
                }
            b=0x80;
            for(j=0;j<8;j++)
                {
                    P1=b;
                    delayms(500);
                    b=_cror_(b,1);
                }
        }
    void liangmie()
        { P1=0xff;
            delayms(500);
            P1=0x00;
            delayms(500);
        }
```

2.2.3.3 仿真结果

仿真结果如图2-13所示。观察拨码开关状态和LED发光二极管亮灭的关系。

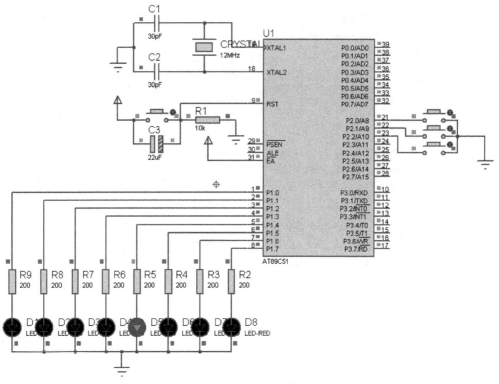

图 2-13　拨码开关状态显示仿真电路图

2.3　任务 3　模拟汽车控制灯控制设计与仿真

2.3.1　任务描述

本任务要求通过单片机制作发光二极管模拟汽车控制灯的控制系统,满足汽车转向灯要求,重点训练三种基本程序结构的设计能力及理解结构化程序设计方法。

2.3.2　相关知识

2.3.2.1　C 语言数据类型

C51 编译器把数据分成了多种数据类型,并提供了丰富的运算符进行数据处理,数据类型、运算符和表达式是 C51 单片机应用程序设计的基础,现在对数据类型进行介绍。

数据是单片机操作的对象,任何程序设计都要进行数据处理。具有一定格式的数字或数值称为数据,数据的不同格式称为数据类型。通过数据类型的设置,可以确定数字或数值的取值范围。单片机 C51 语言的基本数据类型如表 2-3 所示。

1)整型（int）。整型分为有符号整型（signed int）和无符号整型（unsigned int）两种,默认为 signed int。它们都在内存中占 2 B,用来存放双字节数据。

表示有符号整型数的 signed int,数值范围为 -32768～+32767。字节中最高位表示数据的符号,"0"表示正数,"1"表示负数,负数用补码表示。如果超出这个范围,int 数据将会溢出。

表 2-3 Keil C51 的编译器所支持的数据类型

类型说明	关键字	大小	取值范围
有符号整型	signed int	2 B	-32768~+32767
无符号整型	unsigned int	2 B	0~65535
有符号长整型	signed long	4 B	-2147483648~+2147483647
无符号长整型	unsigned long	4 B	0~4294967295
有符号字符型	signed char	1 B	-128~+127
无符号字符型	unsigned char	1 B	0~255
浮点型	float	4 B	±1.175494E-38~±3.402823E+38
指针型	*	1~3 B	对象的地址
位类型	bit	1 bit	0 或 1
可寻址位	sbit	1 bit	0 或 1
8 位特殊功能寄存器	sfr	1 B	0~255
16 位特殊功能寄存器	sfr16	2 B	0~65535

注：数据类型中加底色的部分为 C51 扩充数据类型。

2）长整形（long）。long 表示长整形，分为 signed long 和 unsigned long 两种，默认为 signed long。二者在内存中占 4 B。

3）字符型（char）。char 表示字符型，分为 signed char 和 unsigned char 两种，默认为 signed char。长度为 1 B，用来存放单字节的数据。

小提示：在程序设计中，unsigned char 经常用于处理 ASCII 字符或用于处理 0~255 的整型数，是使用非常广泛的数据类型。

4）浮点型（float）。float 型在十进制中有 7 位有效数字，符合 IEEE-745 标准的单精度浮点型数据。它在内存中占 4 B，字节中最高位表示数据的符号，"1"表示负数，"0"表示正数，数值范围是 ±1.175494E-38~±3.402823E+38。字母 E（或 e）表示以 10 为底的指数，如 123E3 = 123×1000，但字母之前必须有数字，且之后必须为整数。

5）指针型（*）。指针型（*）是一种特殊的数据类型，它本身就是一个变量，这个变量存放的是指向另一个数据的地址，它占据一定的内存单元。指针长度一般为 1~3 B。根据所指的变量类型不同，可以是整型指针（int *）、浮点型指针（float *）和字符型指针（char *）等。例如 int *point 表示一个整型指针变量。

6）位类型（bit）。位类型是单片机 C51 语言编译器的一种扩充数据类型，可以定义一个位类型变量，但不能定义位指针，也不能定义位数组。它的值只能是一个二进制位："0"或"1"。

7）可寻址位（sbit）。可寻址位也是单片机 C51 语言编译器的一种扩充数据类型，其作用是可以访问芯片内部 RAM 中的可寻址位或特殊功能寄存器中的可寻址位。其定义方法有三种：

  sbit 位变量名=位地址；
  sbit 位变量名=特殊功能寄存器名^位位置；
  sbit 位变量名=字节地址^位位置；

例如：在程序设计中，如果使用某个输入/输出引脚工作，一般则需要先定义然后再进行读写操作。

  sbit P1_0=P1^0; // 定义 P1_1 表示 P1 中的 P1.1 引脚
  sbit P1_0=0x90; //也可以用 P1.1 的位地址来定义

8）8位特殊功能寄存器（sfr）。8位特殊功能寄存器（sfr）也是单片机C51语言编译器的一种扩充数据类型，占用1B，值域为0~255，利用它可以访问单片机内部所有的8位特殊功能寄存器。定义方法如下：

  sfr 特殊功能寄存器=地址常数；

例如：

  sfr P0=0x80； //定义P0为P0端口在片内的寄存器,P0端口地址为80H
  sfr PSW=0xd0；

小提示：sfr指令后面必须是一个标识符作为寄存器名，名字可任意选取。等号后面是寄存器的地址，必须是21个特殊功能寄存器的地址，不允许为带运算符的表达式。

9）16位特殊功能寄存器（sfr16）。在一些新型8051单片机中，特殊功能寄存器经常组合成16位来使用。采用关键字sfr16可以定义这种16位的特殊功能寄存器。例如，对于8052单片机的定时器T2，可采用如下方法来定义。

  sfr16 T2=0xCC； //定义8052定时器2,地址为T2L=CCH,T2H=CDH

这里的T2为特殊功能寄存器名，等号后面是它的低字节地址，高字节地址必须在物理上直接位于低字节后，2字节地址必须是连续的，这种定义方法适用所有新一代的8051单片机中新增加的特殊功能寄存器。

10）空类型（void）。空类型的字节长度为0，用来表示一个函数不返回任何值，以及产生一个同一类型指针。例如：

  void * buffer； //buffer被定义为空类型指针

2.3.2.2 C语言运算符

运算符是编译程序执行特定算术或逻辑操作的符号，单片机C51语言和C语言基本相同，数量最多的三大运算符为：算术运算符、关系与逻辑运算符和位操作运算符，具体如表2-4所示。

表2-4 C语言的运算符

运 算 符 名	运 算 符
赋值运算符	=
算术运算符	+ - * / % ++ --
关系运算符	> < == >= <= !=
逻辑运算符	! && ||
位运算符	<< >> ~ & | ^
条件运算符	? :
逗号运算符	,
指针和地址运算符	* &
求字节数运算符	sizeof
强制类型转换运算符	(类型)
下标运算符	[ ]
函数调用运算符	( )

1. 赋值运算符

"="运算符称为赋值运算符，它的作用是将等号右边一个数值赋给等号左边的一个变量，赋值运算符具有右结合性。赋值语句的格式如下。

> 变量=表达式；

例如：

```
a=3;              //将十进制数 3 赋予变量 a
a=b=0x05;         //将十六进制数 05 赋予变量 b 和 c
d=e+f;            //将表达式 e+f 的值赋予变量 d
```

赋值的类型转换规则：

1）如果运算符两边的数据类型不一致时，系统自动将右边表达式的值转换为左侧变量的类型，再将左侧的值赋给该变量，转换规则如下。

2）实型数据赋给整型变量时，舍弃小数部分。

3）整型数据赋给实型变量时，数值不变，但以 IEEE 浮点数形式存储在变量中。

4）长字节整型数据赋给短字节整型变量时，实行截断处理。保留低位字节，截断高位字节。短字节整型数据赋给长字节整型变量时，进行符号扩展。

2. 复合赋值运算符

复合赋值运算符就是在赋值符"="之前加上其他运算符，具体如表 3-5 所示。其语句格式的表达式如下。

> 变量　复合赋值运算符　表达式

例如：

```
a+=b;             //a=(a+b)
x*=b+c;           //x=(x*(b+c))
a<<=6;            //a=(a<<6)
```

表 2-5　复合赋值运算符

运算符	作用	运算符	作用
+=	加法赋值	>>=	右移位赋值
-=	减法赋值	&=	逻辑与赋值
*=	乘法赋值	|=	逻辑或赋值
/=	除法赋值	^=	逻辑异或赋值
%=	取余赋值	~=	逻辑非赋值
<<=	左移位赋值	—	—

3. 算术运算符

单片机 C51 语言包括 7 种算术运算符，具体作用如表 2-6 所示。

除法运算符两侧的操作数可为整数或浮点数，取余运算符两侧的操作数均为整型数据，所得结果的符号与左侧操作数的符号相同。

表 2-6 算术运算符

运算符	作　用
-	减法，求两个数的差，例如 10-5＝5
+	加法，求两个数的和，例如 5+5＝10
*	乘法，求两个数的积，例如 5*5＝25
/	除法，求两个数的商，例如 20/5＝4
%	取余，求两个数的余数，例如 20%9＝2
++	自增 1，变量自动加 1，例如++j、j++
--	自减 1，变量自动减 1，例如--j、j--

++和--运算符只能用于变量，不能用于常量和表达式。

例如：

  ++j; //表示先加 1,再取值 j
  j++; //表示先取值,再加 1

算术运算符和括号将运算对象连接起来的式子称为算术表达式。其中，运算对象包括常量、变量、函数、数组、结构等，算术运算符的优先级和结合性为：先乘除和取模，后加减，括号最优先。

小提示：编程时常将"++""--"这两个运算符用于循环语句中，使循环变量自动加 1；也常用于指针变量，使指针自动加 1 指向下一个地址。

4. 关系运算符

在单片机 C51 程序设计中，有 6 种关系运算符，具体如表 2-7 所示。

表 2-7 关系运算符

运算符	作　用	运算符	作　用
>	大于	<=	小于或等于
>=	大于或等于	==	等于
<	小于	!=	不等于

关系运算符是用将运算对象连接起来的式子称为关系表达式。它的一般形式为：

  表达式 关系运算符 表达式

关系表达式的值为逻辑值，其结果只能取真（用 1 表示）和假（用 0 表示）两种值。例如：

  a>=b; //若 a 的值为 5,b 的值为 3,则结果为 1(真)
  c==8; //若 c=1,则表达式的值为 0(假),若 c=8,则表示式的值为 1(真)

其中，<、<=、>、>=这 4 个运算符的优先级相同，处于高优先级；==和!=这两个运算符的优先级相同，处于低优先级。此外，关系运算符的优先级低于算术运算符的优先级，而高于赋值运算级的优先级。

5. 逻辑运算符

单片机 C51 语言提供三种逻辑运算符，如表 2-8 所示。逻辑与、逻辑或和逻辑非运算表达式一般形式分别为

(1)逻辑与　条件式1 && 条件式2
(2)逻辑或　条件式1 ‖ 条件式2
(3)逻辑非　!条件式

表2-8　逻辑运算符

运算符	作用
&&	逻辑与（AND）
‖	逻辑或（OR）
!	逻辑非（NOT）

逻辑表达式的逻辑运算结果如表2-9所示。

表2-9　逻辑运算符

条件1	条件2	逻辑运算		
A	B	!A	A&&B	A‖B
真	真	假	真	真
真	假	假	假	真
假	真	真	假	真
假	假	真	假	假

例如：设a=5，则(a>0)&&(a<8)的值为"真"(1)，而(a<0)&&(a>8)的值为"假"(0)，!a的值为"假"。

和其他运算符比较，优先级从高到低的排列顺序如下。

!→算术运算符→关系运算符→&&→‖→赋值运算符

例如："a>b&&c>d"可以理解为"(a>b)&&(c>d)"，"!a‖b<c"可以理解为"(!a)‖(b<c)"。

6. 位运算符

单片机C51语言支持位运算符，这使其具有了汇编语言的一些功能，能够支持I/O端口的位操作，使程序设计具有强大灵活的位处理能力。C51语言提供了6种位运算符，具体如表2-10所示。位运算的作用是按照二进制位对变量进行运算，其真值表如表2-11所示。

表2-10　位运算符

运算符	作用
~	按位取反，即将0变1，1变0
<<	左移，例如：a<<4，a中数值左移动4位，右端补0
>>	右移，例如：a>>4，a中数值右移动4位，对无符号位左端补0。如果a为负数，即符号位为1，则左端补入全为1
&	按位与，两位都为1则结果为1，有一位为0则结果为0
^	按位异或，两位数值相同为0，相反为1
‖	按位或，两位中有一位为1则结果为1，两位都为0则结果为0

小提示：表2-10排列顺序是按照由高到低的优先级，位运算符是按位对变量进行运算，并不改变变量的值，且不能对浮点型数据进行操作。

表 2-11　位运算符的真值表

位变量 1	位变量 2	位 运 算				
A	B	~A	~B	A&B	A|B	A^B
0	0	1	1	0	0	0
0	1	1	0	0	1	1
1	0	0	1	0	1	1
1	1	0	0	1	1	0

7. 条件运算符

条件运算符的一般格式为

　　逻辑表达式？表达式 1：表达式 2

如果逻辑表达式的值为真，则将表达式 1 的值赋给逻辑表达式；如果逻辑表达式的值为假，则将表达式 2 的值赋给逻辑表达式。例如：

　　a=10;
　　min=a<15? 30:20;　　//结果是变量 min 的结果为 30

8. 逗号运算符

逗号表达式的一般形式为

　　表达式 1,表达式 2,…,表达式 n

从左到右依次计算出各个表达式的值，逗号最右边表达式的值就是整个逗号表达式的值。例如：

　　a=(b=5,c=10);　　//a 的最后值为 10

9. 指针和地址运算符

（1）指针变量的定义

　　数据类型　　*指针变量名;

例如：

　　int i,j,k,*p;　　//定义整型变量 i、j、k 和整型指针变量 p

（2）赋值方式

为变量赋值的方法有两种，直接方式和间接方式。

1）直接方式。

例如：

　　i=10;　　//直接为变量 i 赋值 10

2）间接方式。

例如：

　　p=&i;　　//变量 i 的地址送给指针变量 p,p=200
　　*p=10;　　//将整数 10 送入 p 指向的存储单元中，即 200 单元

（3）地址运算符（取地址运算符）

"&"运算符为地址运算符，取地址运算符&是单目运算符，其功能是取变量的地址，一般形式为

> 指针变量=& 目标变量；

（4）指针运算符（取内容运算符）。"*"运算符为指针运算符，取内容运算符*是单目运算符，用来表示指针变量所指的单元的内容，在*运算符之后跟的必须是指针变量，一般形式为

> 变量=*指针变量；

例如：

> b=&a;   //将变量 a 的地址赋给 b,b 为 a 对应的内存地址
> c=*b;   //地址 b 所指的单元的值赋给 c,c 为地址 b 所指的单元的值

2.3.2.3　C 语言常量和变量

单片机 C51 语言程序设计中处理的数据有常量和变量两种形式。常量是指在程序执行期间其值固定、不能被改变的量。变量是指在程序执行过程中其值能发生变化的量。

1. 常量

常量包括整型常量（整型常数）、浮点型常量（有十进制表示形式和指数表示形式）、字符型常量（单引号内的字符）及字符串常量（双引号内的单个或多个字符）等。例如：

12	:	十进制整型常量
-60	:	十进制整型常量
0x14	:	十六进制整型常量,十六进制以 0x 开头
-0x1B	:	十六进制整型常量
o17	:	八进制整型常量,八进制以字母 o 开头
0.1	:	浮点型常量
123e5	:	浮点型常量
'a'	:	字符型常量
"a"	:	字符串常量
"Hello"	:	字符串常量

小提示：字符串常量"a"在存储时系统会自动在字符串尾部加上"\0"作为该字符串的结束符。字符串常量"a"包含两个字符：字符"a"和字符"\0"，在存储时多占用 1 B。

2. 变量

在使用变量之前，必须先进行定义，用一个标识符作为变量名并指出其他的数据类型和存储模式，以便编译系统为它分配相应的存储单元。在单片机 C51 语言中对变量定义的格式如下。

> [存储种类] 数据类型 [存储器类型] 变量名；

其中，[ ]内选项是可选项。变量的存储种类有4种：自动（Auto）、外部（Extern）、静态（Static）和寄存器（Register）。定义变量时如果省略存储种类选项，则默认为自动变量。

(1) 存储种类

1) 自动变量。自动变量是单片机C51语言中使用最为广泛的一种类型，大多数变量都属于自动变量。自动变量的作用范围仅在定义该变量的个体内，即在函数中定义的自动变量，只有在该函数内有效；在复合语句中定义的自动变量只在该复合语句中有效。一般自动变量没有标auto，自动变量只有在定义该变量的函数被调用时，才分配给它存储单元，一旦退出函数，分配给它的存储单元就会立即消失。

> 例如：auto int b,c=3;   //auto 可以省略

2) 外部变量。外部变量可以被程序中的所有函数引用，是在函数外部定义的变量。它的作用范围是整个程序。如果一个外部变量对象要在被定义之前使用，或被定义在另一个源文件里，那就必须使用关键字extern进行声明，设置外部变量的作用是增加函数间数据联系的通道，通常将外部变量的第一个字母用大写表示。

3) 静态变量。静态变量就是希望函数中的局部变量的值在函数调用结束后不消失而继续保留原值，即其占用的存储单元不释放，在下一次该函数调用时，该变量已有值就是上一次函数调用结束时的值。静态变量是在类型定义语句之前加关键字static，在函数外部定义的就称为外部静态变量，在函数内部定义的就称为内部静态变量，它们都是静态分配空间的。内部静态变量作用范围仅限于静态变量的函数内部，并始终占有内存单元，在进入时赋予初始值。当退出该函数后，尽管该变量值还继续存在，但不能使用它。

4) 寄存器变量。在单片机C51语言程序设计中，如果有一些变量使用频繁，则为了存取变量的值花费不少时间，为了提高执行效率，将局部变量的值放在CPU的寄存器（可以理解为是一种超高速的存储器）中，需要用时直接从寄存器取出参加运算。由于对寄存器的存取速度远高于对内存的存取速度，因此这样做可以提高执行效率，这种变量叫作寄存器变量。

> 例如：register int i;   //定义 i 为寄存器变量

(2) 存储器类型

单片机C51语言将程序存储器和数据存储器分开，Keil C51编译器所能识别的存储器类型如表2-12所示。

表 2-12 Keil C51 编译器所能识别的存储器类型

存储器类型	说　　明
DATA	直接寻址的片内数据存储器（128 B），访问速度最快
BDATA	可位寻址的片内数据存储器（16 B），允许位与字节混合访问
IDATA	间接访问的片内数据存储器（256 B），允许访问全部片内地址
PDATA	分页寻址的片外数据存储器（256 B）
XDATA	片外数据存储器（64 KB）
CODE	程序存储器（64 KB），变量可固化在程序存储区

变量的存储器类型可以和数据类型一起使用。

例如：int data a；　　//整型变量 a 定义在内部数据存储器中
　　　int xdata　b；　//整型变量 b 定义在外部数据存储器中

一般在定义变量时经常省略存储器类型的定义，采用默认的存储器类型，而默认的存储器类型与存储器模式有关。Keil C51 编译器支持的存储器模式如表 2-13 所示。

表 2-13　存储器模式说明

存储器模式	说　　　明
small	参数及局部变量放入可直接寻址的内部数据存储器中（最大 128B，默认存储器类型为 data）
compact	参数及局部变量放入外部数据存储器的前 256 B 中（最大 256 B，默认存储器类型为 pdata）
large	参数及局部变量直接放入外部数据存储器中（最大 64 KB，默认存储器类型为 xdata）

2.3.2.4　C 语言函数

C 语言程序是由函数组成的。虽然每个程序有且只有一个主函数 main()，但都包含多个具有特殊功能的子函数，因此函数是 C 语言程序的基本模块，通过对函数模块的调用能实现特定的功能。在编写程序时，用户可把自己的算法编成一个个相对独立的函数模块，然后用调用的方法来使用函数。可以说 C 程序的全部工作都是由各式各样的函数完成的，所以也把 C 语言称为函数式语言。由于采用了函数模块式的结构，C 语言易于实现结构化程序设计，该设计能够使程序的层次结构清晰，便于程序的编写、阅读、调试。

1. 函数分类

从 C 语言程序的结构上划分，C 语言函数分为主函数 main() 和子函数两种。而对于子函数，从不同的角度或以不同的形式又可分为：库函数和用户自定义函数。

(1) 库函数

库函数也称为标准函数或标准库函数，是由 C51 的编译器提供的，用户无须定义，也不必在程序中做类型说明，只需在程序前包含有该函数原型的头文件即可在程序中直接调用，以头文件的形式给出。

Keil C51 编译器提供了 100 多个标准库函数以供使用。常用的 C51 库函数包括 I/O 函数库、标准函数库、字符函数库、字符串函数库、内部函数库、数学函数库和绝对地址访问函数库等。使用库函数会大大减少开发时间，使得编程思路清晰而且丰富了程序的功能。每个库函数都在相应的头文件中给出了函数原型声明，在使用时必须在源程序的开始使用预处理命令 #include 将有关的头文件包含进来。

例如：#include <reg51.h>
　　　#include <intrins.h>

(2) 用户自定义函数

用户自定义函数是由用户按需要写的函数。从函数定义的形式上划分为：无参数函数、有参数函数和空函数。

1) 无参数函数：此种函数被调用时，既没有参数输入，也没有返回结果给调用函数，它是为了完成某种操作而编写的。

2) 有参数函数：在调用此种函数时，必须提供实际的输入参数，必须说明与实际参数一一对应的形式参数，并在函数结束时返回结果供调用它的函数使用。

3) 空函数：此种函数体内无语句。调用此种函数时，什么工作也不做。而定义此种函数的目的并不是为了执行某种操作，而是为了以后程序的扩充。

对于用户自定义函数，不仅要在程序中定义函数本身，而且在主调函数模块中还必须对该被调函数进行类型说明，然后才能使用。

2. 函数定义及调用

在程序中通过对函数的调用来执行函数体，其过程与其他语言的子程序调用相似，现在对函数进行介绍。

(1) 函数定义

函数定义的一般形式如下：

```
函数类型  函数名(形式参数表)
形式参数说明；
{
局部变量定义；
函数体语句；
return 语句；
}
```

1) 函数类型。"函数类型"说明自定义函数返回值的类型，分为有返回值函数和无返回值函数。有返回值函数：此类函数被调用执行完后将向调用者返回一个执行结果，称为函数返回值，如数学函数即属于此类函数。由用户定义的这种要返回函数值的函数，必须在函数定义和函数说明中明确返回值的类型，即将函数返回值的数据类型定义为函数类型。无返回值函数：此类函数用于完成某项特定的处理任务，执行完成后不向调用者返回函数值。这类函数类似于其他语言的过程，由于函数无须返回值，用户在定义此类函数时可指定它的返回为"空类型"，空类型的说明符为"void"。例如，前面介绍的无返回值 delay( ) 函数，其定义格式为：

```
void delay(unsigned char i)
```

小提示：一个函数只能有一个返回值，该返回值是通过函数中的 return 语句获得的。若没有指定返回值类型，默认返回值为整型类型。

2) 函数名。"函数名"是自定义函数的名字，函数名必须是合法标识符，各函数名的定义是独立的。

3) 形式参数表。"形式参数表"给出函数被调用时传递数据的形式参数，形式参数的类型必须说明。如果定义的是无参数函数，可以没有形式参数表，但是圆括号不能省略。

4) 局部变量定义。"局部变量定义"是对在函数内部的局部变量进行定义，也称为内部变量。

5) 函数体语句。"函数体语句"实现函数功能编写的语句。

6) return 语句。"return 语句"用于返回函数执行的结果。

小提示：

1) 函数的值只能通过 return 语句返回主调函数。

2) 函数值的类型和函数定义中函数的类型应保持一致。如果两者不一致，则以函数类型为准，自动进行类型转换。

3) 如函数值为整型，在函数定义时可以省去类型说明。

4) 不返回函数值的函数，可以明确定义为"空类型"，类型说明符为"void"。为了使程序有良好的可读性并减少出错，凡不要求返回值的函数都应定义为空类型。

在 C 语言中，所有的函数定义，包括主函数 main 在内，都是平行的。也就是说，在一个函数的函数体内，不能再定义另一个函数，即不能嵌套定义。但是函数之间允许相互调用，也允许嵌套调用。习惯上把调用者称为主调函数。main 函数是主函数，它可以调用其他函数，而不允许被其他函数调用。因此，C 程序的执行总是从 main 函数开始，完成对其他函数的调用后再返回到 main 函数，最后由 main 函数结束整个程序。一个 C 源程序必须有也只能有一个主函数 main。

（2）函数调用

函数调用的一般形式为

> **函数名(实际参数列表)**

在一个函数中需要用到某个函数的功能时，就调用该函数。调用者称为主调函数，被调用者称为被调函数。若被调函数是有参函数，则主调函数必须把被调函数所需的参数传递给被调函数。传递给被调函数的数据称为实际参数，简称实参。若被调函数是无参函数，则调用该函数时，可以没有参数列表，但括号不能省。被调函数执行完后再返回主调函数继续执行剩余程序。在实际参数列表中各个参数之间用逗号隔开，实参与形参要数量相等、类型一致、顺序对应。例如在主函数中常调用的延时函数。

```
void main( )           //让 P1_0 口外接的发光二极管进行闪烁控制
{ while(1)
   { P1_0=0;
     delay(500);
     P1_0=1;
     delay(500);
   }
}
```

小提示： 实参对形参的数据传递是单向的，即只能将实参传递给形参。

根据被调用函数在主调用函数中出现的位置，函数调用有三种形式。

1) 函数语句。被调用函数以主调用函数的一条语句的形式调用。

> 例如：P1_0=0;
>   delay(200);

小提示：被调用函数只是完成一定的操作，实现特定的功能。

2）函数表达式。被调用函数以一个运算对象的形式出现在一个表达式中。这种表达式称为函数表达式。例如：

c=8*min(a,b);

小提示：被调用函数返回一定的数值，并以该数值参加表达式的运算。

3）函数参数。被调用函数作为另一个函数的实参或者本函数的实参。例如：

m=min(a,min(b,c));

小提示：在一个函数中调用另一个函数必须具备下列条件。
1）被调用函数必须是已经存在的函数（如标准库函数或者用户自己已经定义的函数）。
2）函数在调用之前必须对函数进行声明（一般在程序头部）。
3）如果程序使用了标准库函数，则要在程序的开头用#include 预处理命令将调用函数所需要的信息包含在本文件中，如果不是在本文件中定义的函数，在程序开始要用 extern 修饰符进行函数原型说明。

2.3.3 任务实施

2.3.3.1 硬件电路设计

单片机模拟汽车转向灯控制硬件电路如图 2-14 所示。

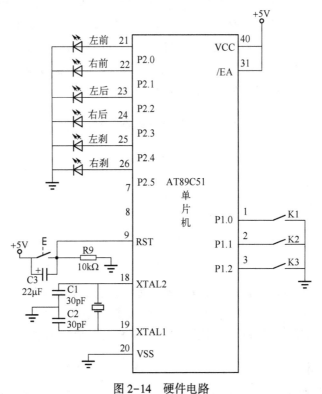

图 2-14 硬件电路

2.3.3.2 软件程序设计

```c
//任务2-3程序:ex2-3.c
#include <reg51.h>
#define uchar unsigned char
#define uint unsigned int

sbit leftlighthead=P2^0;            //定义灯
sbit leftlightafter=P2^2;
sbit rightlighthead=P2^1;
sbit rightlightafter=P2^3;
sbit leftstoplight=P2^4;
sbit rightstoplight=P2^5;

sbit leftbutton=P1^0;               //定义按键
sbit rightbutton=P1^1;
sbit stopbutton=P1^2;

void delayms(uint x)                //延时
{
uchar i;
while(x--)for(i=0;i<200;i++);
}
void main()
{
while(1)                            //无限循环
 {if(stopbutton==0)                 //判断是否刹车
     leftstoplight=rightstoplight=1;  //刹车灯亮
  else
     leftstoplight=rightstoplight=0;
  if(leftbutton==1&&rightbutton==1)  //没有打转向
    {
      leftlighthead=leftlightafter=0;
      rightlighthead=rightlightafter=0;
      delayms(100);
    }
  else  if(leftbutton==0&&rightbutton==1)//打左转向
    {
      leftlighthead=leftlightafter=1;
      rightlighthead=rightlightafter=0;
      delayms(100);
    }
```

```
            else if(leftbutton==1&&rightbutton==0)         //打右转向
               {
                  leftlighthead=leftlightafter=0;
                  rightlighthead=rightlightafter=1;
                  delayms(100);
               }
            else                                            //打双左右转向
               {
                  leftlighthead=leftlightafter=1;
                  rightlighthead=rightlightafter=1;
                  delayms(100);
                                                            //形成闪烁
                  leftlighthead=leftlightafter=0;
                  rightlighthead=rightlightafter=0;
                  delayms(100);
               }
         }
```

2.3.3.3 仿真结果

仿真结果如图 2-15 所示。通过按键 4 种状态可控制转向灯亮灭。

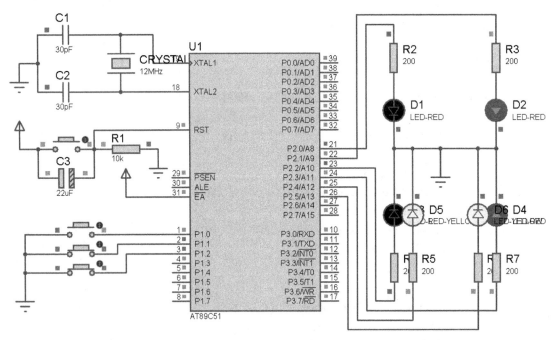

图 2-15　仿真电路图

2.4 习题

1. 填空题

1) P1 口的功能只能作为_____漏极开路的准双向 I/O 端口。
2) 顺序结构就是按顺序地_____，无须_____也无须_____，它是最简单也是_____的流程控制语句。
3) 选择结构又称_____或分支结构，它根据是否满足给定的条件而从多组操作中选择一种操作。选择结构的主要语句是_____。
4) 循环结构又称为_____，即在一定条件下_____某一部分的操作。
5) 循环结构的主要语句是_____，_____，_____语句。
6) 函数在调用之前必须对函数进行_____。
7) 函数的值只能通过_____语句返回主调函数。
8) 在 C 语言中，所有的函数定义，包括主函数 main 在内，都是_____的。
9) 根据被调用函数在主调用函数中出现的位置，函数调用有三种形式_____、_____和_____。
10) 选择语句包括_____语句和_____语句。

2. 选择题

1) 80C51 系列单片机有 4 个并行 I/O 端口，每个端口都有（　　）根引脚。
A. 2　　　　B. 4　　　　C. 8　　　　D. 16

2) P2 口的第一功能是 8 位漏极开路的准双向 I/O 端口。第二功能是在访问外部存储器时用作（　　）。
A. 低 8 八位地址线　　　　B. 双向数据总线
C. 高 8 八位地址线　　　　D. 单向数据总线

3) 下列没有第二功能的是（　　）。
A. P0 口　　　B. P1 口　　　C. P2 口　　　D. P3 口

4) 下面叙述正确的是（　　）。
A. 一个 C 源程序可以由多个函数组成
B. 一个 C 源程序必须包含多个 main() 函数
C. C 语言函数可以没有函数名
D. C 程序的基本组成单位是函数

5) C 语言程序总是从（　　）开始执行的。
A. 主程序　　　B. 主函数　　　C. 子程序　　　D. 程序起始

3. 上机题

1) 编写单片机控制 16 个彩灯程序，并进行仿真。
2) 编写单片机显示 4 个开关按键的状态程序，并进行仿真。

项目 3 显示与按键接口技术

本项目从简易四位抢答器控制系统设计及仿真入手,首先让读者对单片机数组应用及LED 数码管显示接口初步了解;然后通过 LED 点阵显示系统设计及仿真,介绍单片机点阵典型显示接口技术;最后通过多样彩灯控制设计及仿真,介绍单片机键盘输入接口技术,让读者了解单片机及单片机应用系统的显示与按键电路及基本程序编程。

3.1 任务 1 简易四位抢答器控制系统设计及仿真

3.1.1 任务描述

利用单片机设计一个简易的四位抢答器控制系统,使用 4 个开关作为抢答器的输入,1 位共阳极数码管作为输出。4 个开关分别对应抢答者序号 1、2、3、4,初始状态数码管显示 0,当不同抢答者闭合开关时,抢答成功提示灯点亮,并且数码管显示相应的抢答序号。

3.1.2 相关知识

3.1.2.1 LED 数码管及其接口电路

显示装置是单片机应用系统中最基本的输出设备,也是一个重要的人机交互设备之一。常用的显示器件有发光二极管、LED 数码管、点阵和 LCD 液晶显示器等。如果应用系统中只需要显示简单的数字或字母等信息,例如显示时间、日期、温度、运行状态等,LED 数码管可谓是最佳选择,它具有成本低廉、显示清晰易懂、配置简单、性能稳定和使用寿命长等特点,在生活和工业中得到了广泛的应用。

LED 数码管由多个发光二极管构成,按照包含发光二极管个数分为七段数码管和八段数码管(八段数码管比七段数码管多一个发光二极管即小数点显示)。通过控制二极管的亮灭组合,可以显示各种数字和字符。八段 LED 数码管如图 3-1 所示。

1. LED 数码管显示原理

LED 数码管共 10 个引脚 a、b、c、d、e、f、g、Dp 和两个公共端 com,通过对引脚赋高低电平,控制点亮内部发光二极管,从而可以显示出 0~9、A~F、H、L、P、R、U、Y、-、. 等各种字符。八段数码管的引脚如图 3-2a 所示。

数码管按照内部连接方式不同可分为共阴极和共阳极两种结构,其特点如表 3-1 所示。

表 3-1 数码管共阴极和共阳极特点

	共阴极结构(见图 3-2b)	共阳极结构(见图 3-2c)
连接方法	8 个发光二极管阴极相连作为公共端,接低电平	8 个发光二极管阳极相连作为公共端,接高电平
点亮方法	阳极作为段控制端,赋高电平,相应发光二极管导通被点亮	阴极作为段控制端,赋低电平,相应发光二极管导通被点亮

图 3-1 八段数码管

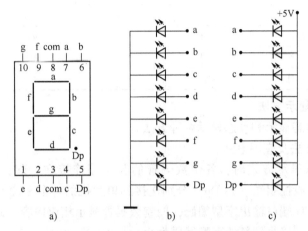

图 3-2 八段 LED 数码管引脚图和结构图
a) 引脚图 b) 共阴极结构 c) 共阳极结构

使用数码管时仅能将其点亮是不够的，还要能控制其显示出相应的数字或字符，通过上面的分析可知需要对段控制端赋相应的段码（又称字型编码）。数码管结构不同，形成的字型编码也不同，这里以共阴极数码管为例进行分析，如表 3-2 所示。

表 3-2 数码管字型编码分析

显示字符	共阴极数码管显示段								字型编码
	Dp	g	f	e	d	c	b	a	
0	0	0	1	1	1	1	1	1	3FH
1	0	0	0	0	0	1	1	0	06H
…	—	—	—	—	—	—	—	—	…
A	0	1	1	1	0	1	1	1	77H

注：1）上表中定义 Dp 为高位，a 为低位，与电路连接顺序有关。
2）共阴极数码管段控制端赋高电平点亮，共阳极数码管正好相反，段控制端赋低电平点亮，所以共阳极字型编码与共阴极字型编码取反。

常用的字形编码如表 3-3 所示，当要显示某字符时，可根据需要进行查找。

表 3-3　数码管字型编码

显示字符	共阴极段码	共阳极段码	显示字符	共阴极段码	共阳极段码
0	3FH	C0H	C	39H	C6H
1	06H	F9H	D	5EH	A1H
2	5BH	A4H	E	79H	86H
3	4FH	B0H	F	71H	8EH
4	66H	99H	P	73H	8CH
5	6DH	92H	U	3EH	C1H
6	7DH	82H	T	31H	CEH
7	07H	F8H	Y	6EH	91H
8	7FH	80H	H	76H	89H
9	6FH	90H	L	38H	C7H
A	77H	88H	"灭"	00H	FFH
b	7CH	83H	…	…	…

2. LED 数码管显示方法

LED 数码管有静态显示和动态显示两种方法。

（1）静态显示方法及应用电路

数码管采用静态显示方式时，各位数码管的公共端连接在一起，并固定地接地或接 +5 V，每个数码管的段控制端（a~Dp）分别连接到单片机的一个 8 位 I/O 端口。确定显示字符后，由单片机 I/O 端口输出字型编码，控制数码管显示相应内容，此时各位数码管相互独立，稳定显示，直到接收到新的字型编码为止。

以下是数码管静态显示应用举例。

【例 3-1】 单片机采用静态显示方式控制两位数码管循环显示 00~99。

硬件电路设计如图 3-3 所示，程序设计如下。

```
//功能:单片机采用静态显示方式控制两位数码管循环显示00~99
#include <reg51.h>        //预处理命令,定义51单片机各寄存器的存储器映射
unsigned char Tab[ ] = {0x3f,0x06,0x5b,0x4f,0x66,0x6d,0x7d,0x07,0x7f,0x6f};
void delay(unsigned int i)
{
    unsigned char j;
    for( ;i>0;i--)
        for(j=0;j<125;j++);
}
void main( )
{
    unsigned char i;
    unsigned char count=0;
    P2=0x3f;
```

```
while(1)
{
    for(i=0;i<10;i++)
    {
        P3=Tab[i];
        delay(500);
    }
    count++;
    if(count==10)
    count=0;
    P2=Tab[count];
}
```

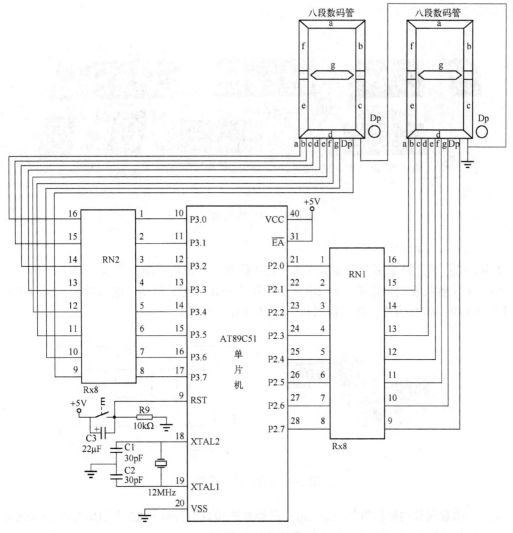

图 3-3　硬件电路图

数码管采用静态显示方法,电路直观易懂、编程简单、显示清晰,但是每位数码管都需有 8 个 I/O 端口控制,占用口线资源较多,当使用多位数码管时,便会导致硬件电路复杂、成本较高的问题,所以适用于使用数码管个数较少的场合。

(2) 动态显示方法及应用电路

数码管动态显示方法又称动态扫描,连接时将多位数码管的段选端(a~Dp)并联到一起由一个 8 位 I/O 端口控制,每个数码管的位选端(公共端 com)分别由一位 I/O 端口控制。通过位选端赋有效电平选择让哪一位数码管点亮,段选端赋字型编码,确定被点亮数码管显示的字符。

动态显示方法就是控制各位数码管分时选通,实现依次轮流点亮,在某一时刻只有一位数码管显示,依次循环即可使各位数码管循环显示需要的内容。要想使多位数码管稳定显示,只需减小间隔时间(小于 10 ms),让循环显示的速度足够快,由于人眼存在视觉暂留效应,会认为所有数码管共同被点亮。

当数码管使用数量较多时,使用单独数码管硬件电路连线比较复杂,可采用二位一体、三位一体等数码管进行代替,实物图如图 3-4 所示。

图 3-4 数码管实物图

数码管动态显示应用举例。

【例 3-2】单片机采用动态显示方式控制 4 位共阳极数码管动态显示 1、2、3、4。

由于 4 位数码管的段选端(a~Dp)要并联到一起,连线较多、电路复杂,所以电路设计时采用 4 位一体数码管,其实物图和引脚图如图 3-5 所示。

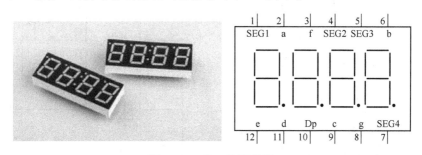

图 3-5 4 位一体数码管

4 位一体数码管内部段选端(a~Dp)已经并连接好,外部共 12 个引脚分别为段选 8 个 a~Dp,位选 4 个 1、2、3、4,相应与单片机相连即可。

硬件电路设计如图 3-6 所示。

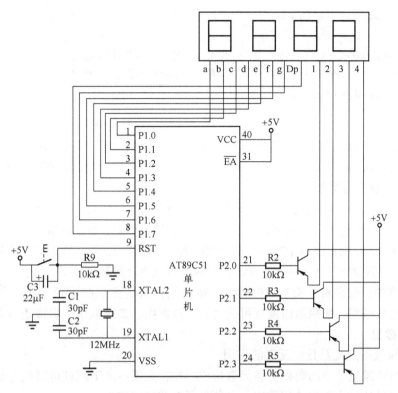

图 3-6　4 位数码管动态显示硬件电路图

程序设计如下:

```
//功能:单片机采用动态显示方式控制4位共阳极数码管动态显示1、2、3、4
#include <reg51.h>          //预处理命令,定义51单片机各寄存器的存储器映射
void   delay(unsigned char i);  //延时函数声明
void main( )                //主函数
{
    unsigned char led[ ] = {0xF9,0xA4,0xB0,0x99};//设置字符1234字型码
    unsigned char i,w;
    while(1) {
        w=0x01;             //位选码初值为01H
        for(i=0;i<4;i++)
        {
            P2 = ~w;        //位选码取反后送位控制口 P2 口
            w<<=1;          //位选码左移一位,选中下一位 LED 数码管
            P1=led[i];      //显示字型码送 P1 口
            delay(50);      //延时
        }
    }
```

```
    }
    void  delay(unsigned char i)        //延时函数
    {
        unsigned char j,k;              //定义无符号字符型变量 j 和 k
        for(k=0;k<i;k++)                //双重 for 循环语句实现软件延时
            for(j=0;j<255;j++);
    }
```

数码管动态显示方法能够大大节省单片机 I/O 端口的使用，简化了硬件电路，但由于轮流显示需要动态刷新，会占用较多的 CPU 时间，所以适用于使用数码管个数较多的场合。

3.1.2.2 数组的概念

数组就是把若干个相同数据类型的元素按一定顺序排列的集合，并把各元素用统一的名字命名，然后用编号进行区分，这个名字称为数组名，编号称为下标。数组中各个元素称为数组的分量，也称为数组元素，每个数组元素由数组名和下标唯一标识。数组可以用相同名字引用一系列变量，当需要处理若干相同类型的数据时，可以缩短和简化程序，便于程序设计。

在 C 语言中，数组属于构造数据类型。按数组元素的数据类型可分为：数值数组、字符数组、指针数组等。按照数组维度可分为：一维数组、二维数组、多维数组等。

1. 一维数组

（1）一维数组定义及数组元素的引用

一维数组就像数学中的数列，各元素排成一排，只需一个下标就可以确定数组元素的相对位置。程序设计时，要想使用数组，必须先要对其进行定义。

一维数组定义形式为

> 类型说明符 数组名[常量表达式]；

说明：

1）类型说明符　定义了数组中每一个元素的数据类型，同一个数组，所有数组元素具有相同的数据类型。

2）数组名　由用户定义，但不能与其他变量重名。命名规则遵循标识符命名规则（由字母、数字和下画线组成，第一位必须是字母或者下画线，不能是数字）。

3）常量表达式　表示数组长度，即数组元素的总个数，可以为常量和符号常量，不能为变量，数组定义后其长度固定不能改变。

正确示例：

```
    int  name[6];                //定义整型数组 name,有 6 个数组元素
    float a_6[10];               // 定义实型数组 a_6,有 10 个数组元素
    char i,n[8],page[1+2];       // 定义字符型变量 i,数组 n(8 个元素)，数组 page(1+2 个元素)
```

错误示例：

```
    int num(5);
    char 123_g[3];
```

```
char i,a[5+i];
float b,b[7];
```

数组元素是组成数组的基本单元，必须先定义数组，才能使用数组元素。C 语言中使用数组时不能一次引用整个数组，只能对数组元素进行依次引用。

数组元素的一般表示形式为

数组名[下标]

说明：
1) 下标表示元素在数组中的位置，只能是整型常量或整型表达式。
2) 下标不能越界。
例如：

```
int c1[6];          // 定义整型数组 c1,有 6 个数组元素
```

则数组元素分别为 c1[0]、c1[1]、c1[2]、c1[3]、c1[4]、c1[5]，其中 0、1、2、3、4、5 称为下标，注意下标从 0 开始，c1[6]下标越界，不是该数组元素。

合法的数组元素：c1[2]=c1[0]+c1[2+3];c1[j++]。

（2）一维数组初始化

数组的初始化是指在定义数组时对数组元素进行赋值，一般格式为

类型说明符 数组名[数组长度]={各数组元素值};

例如：

```
int n[5]={0,1,2,3,4,};     //各数值之间用","分开。则 n[0]=0, n[1]=1,
                             n[2]=2, n[3]=3, n[4]=4
```

数组初始化有以下两种方法：
1) 对全部数组元素赋初值。
例如：

```
char a[8]={1,2,3,4,5,6,7,8};
```

此时数组定义中数组长度可以省略不写，根据数组元素的个数判断其长度。
例如：

```
char b[ ]={1,2,3,4,5};      //等价于 char b[5]={1,2,3,4,5}
```

2) 对部分数组元素赋初值。
例如：

```
    char a[8]={1,2,3};       //表示只给前3个数组元素赋初值,其余元素值为0
    即:a[0]=1、a[1]=2、a[2]=3、a[3]=0、a[4]=0、a[5]=0、a[6]=0、a[7]=0
```

例如：

```
    char a[8]={0};           //表示数组元素值全部为0
```

小提示：在进行数码管显示程序设计时，数码管的字形编码为数据类型相同的若干个元素，可以使用定义一维数组的方式，简化程序的编写。

2. 二维数组

（1）二维数组定义及数组元素的引用

二维数组就像数学中的矩阵，各元素先排成排，各排再排成列。需要两个下标才能唯一确定出数组元素。二维数组定义形式为

  类型说明符 数组名[常量表达式1][常量表达式2];

说明：

1）常量表达式1　表示第一维下标长度（行数）。

2）常量表达式2　表示第二维下标长度（列数）。

例如：

```
    int name[2][3];          //定义整型二维数组name,2行3列共有6个数组元素
```

二维数组元素的一般表示形式为

  数组名[下标1][下标2]

说明：

1）下标1为行标，下标2为列标，共同确定元素在数组中的位置，二维数组元素只能是整型常量或整型表达式。

2）下标不能越界。

例如：

```
    int name[2][3];   //则数组元素分别为name[0][0],name[0][1],name[0][2],name[1][0],
                      //name[1][1],name[1][2]
```

注意行标和列标都从0开始，如name[1][1]表示数组name的第2行第2列的元素，name[2][3]下标越界，不是该数组元素。

在C语言中，二维数组是按行排列的，即存完一行后，顺序存入第二行。

（2）二维数组初始化

1）对全部数组元素赋初值。

① 分行赋值。

char b[2][4]={{1,2,3,4},{5,6,7,8}}; 赋值后数组各元素为

$$\begin{pmatrix} 1 & 2 & 3 & 4 \\ 5 & 6 & 7 & 8 \end{pmatrix}$$

② 按行连续赋值。

char b[2][4]={1,2,3,4,5,6,7,8}}；赋值后数组各元素为

$$\begin{pmatrix} 1 & 2 & 3 & 4 \\ 5 & 6 & 7 & 8 \end{pmatrix}$$

③ 对全部数组元素赋初值时，可省略第一位长度。

char b[ ][4]={1,2,3,4,5,6,7,8}}；赋值后数组各元素为

$$\begin{pmatrix} 1 & 2 & 3 & 4 \\ 5 & 6 & 7 & 8 \end{pmatrix}$$

2) 对部分数组元素赋初值，未赋值元素自动取 0。

① 分行赋值。

int c[2][3]={{2,3},{5,6}}；赋值后数组各元素为

$$\begin{pmatrix} 2 & 3 & 0 \\ 5 & 6 & 0 \end{pmatrix}$$

或 int c[2][3]={{2},{1,9}}；赋值后数组各元素为

$$\begin{pmatrix} 2 & 0 & 0 \\ 1 & 9 & 0 \end{pmatrix}$$

② 按行连续赋值。

int c[2][3]={0,1,2,3}；赋值后数组各元素为

$$\begin{pmatrix} 0 & 1 & 2 \\ 3 & 0 & 0 \end{pmatrix}$$

小提示：在进行 LED 点阵显示程序设计时，可以使用定义二维数组的方式，简化程序的编写。

3. 字符型数组

字符型数组也是一维或二维数组，它的数组元素都是字符型变量。字符数组的定义、引用和初始化方法与一维数组相同。

例如：

```
char num[5];          //定义字符型数组 num,数组中有 5 个数组元素
char num[5]={'h','a','p','p','y'};          //数组初始化
```

注：数组元素值由 ' ' 括起。若只对部分元素赋值，则未赋值元素系统赋予空格字符 '\0'。

也可用字符串常量赋值，例如：

```
char num[5]={"happy"};
```

或

```
char num[5]="happy";
```

小提示：在进行 LCD 液晶显示程序设计时，可以使用定义字符数组的方式，简化程序的编写。

3.1.3 任务实施

3.1.3.1 硬件电路设计

简易四位抢答器硬件电路如图 3-7 所示。电路由最小系统电路、开关控制电路和显示电路三部分组成。单片机 P1 口的 P1.0、P1.1、P1.2、P1.3 分别与 4 个开关相连，4 个开关另一端连到一起接 GND。由单片机 P2 口通过限流电阻接到数码管的 8 个段控制端，这里采用共阳极数码管，因此公共端接+5 V。单片机 P3.7 引脚与一个发光二极管负极相连，发光二极管正极接到+5 V。通过抢答者闭合不同的开关，即可使数码管显示相应内容并点亮提示灯发光二极管。

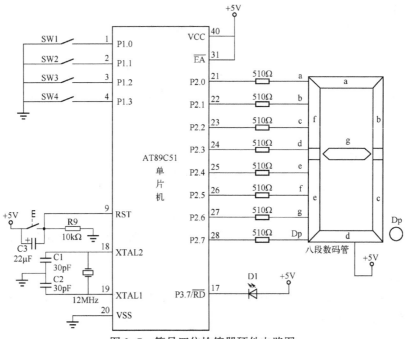

图 3-7 简易四位抢答器硬件电路图

3.1.3.2 软件程序设计

本任务只控制一个数码管进行显示，因此采用静态显示方式。程序设计中采用定义一维数组用于存放数码管显示字符 0、1、2、3、4 的字形编码。将 4 位开关的状态赋值给 P1 口，确定显示内容，并以数组形式将相应的字形编码赋值给 P2 口，从而实现功能。

程序设计如下：

```
//任务 3-1 程序:ex3-1.c
//功能：简易四位抢答器
#include <reg51.h>          //预处理命令,定义51单片机各寄存器的存储器映射
unsigned char led[] = {0xc0,0xf9,0xa4,0xb0,0x99}; //定义数组led存放0~4的字型码
    void delay(unsigned char i);
    sbit a=P1^0;
```

```
    sbit b=P1^1;
    sbit c=P1^2;
    sbit d=P1^3;
    sbit P3_7=P3^7;
    void  main( )                //主函数
    {
       while(1) {
            if(a==0) {P2=led[1];P3_7=0;delay(200);}
         else if(b==0) {P2=led[2];P3_7=0;delay(200);}
         else if(c==0) {P2=led[3];P3_7=0;delay(200);}
         else if(d==0) {P2=led[4];P3_7=0;delay(200);}
         else {P2=led[0];P3_7=1;}
                delay(200);
                     }
    }
    void  delay(unsigned char i)   //延时函数,无符号字符型变量 i 为形式参数
    {
        unsigned char j,k;         //定义无符号字符型变量 j 和 k
        for(k=0;k<i;k++)           //双重 for 循环语句实现软件延时
          for(j=0;j<255;j++);
    }
```

3.1.3.3 仿真结果

将 Keil C51 软件编译生成的十六进制文件加载到芯片中。单击运行按钮,启动系统仿真,仿真结果如图 3-8 所示。观察到数码管初始状态为 0,当有抢答者闭合开关时,抢答成功提示灯点亮,同时数码管可以显示抢答成功的序号(1、2、3、4)。

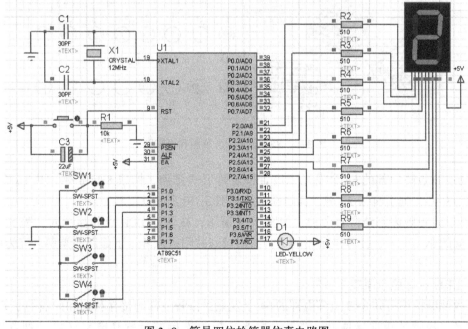

图 3-8 简易四位抢答器仿真电路图

3.2 任务2 LED点阵显示系统设计及仿真

3.2.1 任务描述

利用单片机制作一个 8×8 的 LED 点阵显示电路，该任务通过单片机的 P1 口和 P2 口连接一个 8×8LED 点阵，实现在点阵屏上进行数字、汉字和图形的显示。当单片机上电开始运行时，LED 点阵屏依次轮流显示"2018 年 1 月 1 日♡"，一直循环显示运行。

3.2.2 相关知识

3.2.2.1 LED 点阵结构及显示原理

LED 点阵是单片机应用系统中显示器件的一种，相比之前学习的 LED 发光二极管和数码管，它在生活中的应用更加广泛。LED 点阵可以显示文字、图像、动画、视频等信息，显示色彩鲜艳、动感、立体，并且具有亮度高、功耗小、微型化、易与集成电路匹配、驱动简单、寿命长、耐冲击、性能稳定、易维护等优点，可广泛应用于商场、医院、宾馆、银行、车站、机场、工业企业管理和其他公共场所。

常用的 LED 点阵显示模块有 4×4、4×8、5×7、5×8、8×8、16×16 等多种结构，每种结构都是由多个 LED 发光二极管组成，下面以 8×8 点阵为例进行详细介绍。

1. LED 点阵结构

前面学习了 LED 发光二极管和 LED 数码管，在此基础上学习 LED 点阵就要轻松得多了。一个数码管由 8 个 LED 发光二极管组成，同理，一个 8×8 的点阵由 64 个 LED 发光二极管组成。图 3-9 是 8×8 点阵的外形图和引脚图。

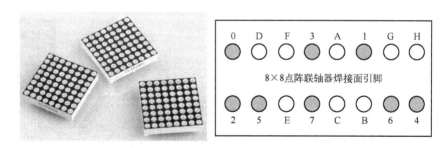

图 3-9 8×8 点阵的外形图和引脚图

8×8LED 点阵内部的 64 个发光二极管按矩阵形式排列，构成 8 行 8 列，共 16 个引脚，行引脚为 0~7，列引脚为 A~H。其内部结构如图 3-10 所示。

8×8LED 点阵内部结构有两种，如图 3-9 所示，在驱动 LED 点阵显示时，需要判断行列所对应的驱动信号，任务中采用的是行共阳极列共阴极点阵，下面以该类型点阵为例进行介绍。

2. LED 点阵显示原理

由内部结构图可知 8×8 点阵内部的 64 个发光二极管全部跨接在行线和列线的交叉点上，根据发光二极管的单向导通性，当某个发光二极管连接的行置高电平（1），列置低电平

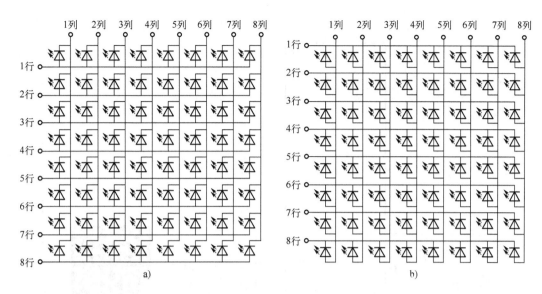

图 3-10 8×8 点阵内部结构图
a) 行共阳极列共阴极 b) 行共阴极列共阳极

(0) 时,该二极管被点亮。通过控制每个二极管发光,完成各种显示内容。

LED 点阵显示类似于数码管,也采用动态扫描的显示方式,即依次点亮各行,进行行扫描(或依次点亮各列,进行列扫描)。下面以显示心形图形为例,进行过程讲解。

无论显示字符、图形还是文字,都是通过控制组成这些字符、图形或文字的各个点所在位置相对应的二极管发光实现的。通常事先要把需要显示的图形文字转换成点阵图形,再按照显示控制的要求以一定格式形成显示数据。

例如当 8×8LED 点阵需要显示"1"时,先要建立一个 8×8 的方格表,在方格表中按照显示要求填好要显示的内容,如图 3-11 所示,黑色的格子表示被点亮,当选中第一行(赋高电平)时,给各列赋值 11111111B(FFH);当选中第二行(赋高电平)时,给各列赋值 11100111B(E7H),依次类推,到选中第八行(赋高电平)时,给各列赋值 11100111B(E7H),八行全扫描显示一次,再重新扫描显示第一行,如此不断循环,并使循环显示速度足够快时(应保证扫描 8 行所用时间之和在 20ms 以内),就能看到稳定显示的整个图形。

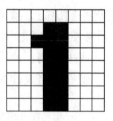

图 3-11 "1"图形

注:各列赋值数据可通过取模软件获得,原理同上。

3.2.2.2 LED 点阵接口技术

使用 LED 点阵作为显示设备时,可单独使用一片进行简单显示(见上面实例),也可同时使用多片相组合进行较大图片或文字显示,例如商场、酒店门前的 LED 大屏幕。

单片机与一片 8×8LED 点阵接口电路比较简单,其框图如图 3-12 所示。

8×8LED 点阵共 16 个引脚,8 个行引脚和 8 个列引脚,需要占用单片机 2 个 P 口进行控制,这里以 P3 口控制行引脚,P0 口控制列引脚为例进行说明。当单片机运行时,P3 端口提供高电平有效的行选通信号,P0 端口提供低电平有效的列选通信号,P3 和 P0 两个端口同步动态扫描,即可做出相应显示。需要注意的是,当单片机控制点阵时,可能有时需要同

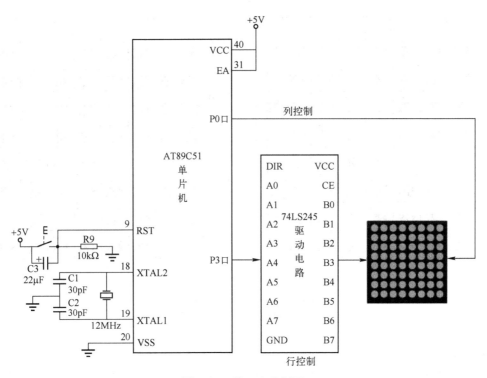

图 3-12 接口电路框图

时驱动 8 个 LED 发光二极管,单 51 单片机的 I/O 端口驱动能力有限,特别是高电平电流输出能力有限,而为了提高单片机的带负载能力和保证 LED 的亮度,所以驱动能力不够时,应加上驱动芯片,增强 I/O 端口驱动能力和保护单片机端口引脚。因此,框图中由于 P0 口低电平输出能力满足要求,而 P3 口的高电平输出电流不够,所以 P3 口需要通过驱动电路(通常使用驱动芯片 74LS245)驱动点阵的行端。

应用举例:使用单片机控制一块 8×8 矩阵稳定显示 1。

硬件电路设计如图 3-14 所示,软件程序设计如下。

```
//功能:LED 点阵稳定显示心形
#include <reg51.h>      //预处理命令,定义 51 单片机各寄存器的存储器映射
void delay(unsigned int i);
void main()
{
    unsigned char code led[] = {0xff,0xe7,0xe3,0xe7,0xe7,0xe7,0xe7,0xe7};
                                //定义数组放置心形字形码
    unsigned char i;
    unsigned int lie;
    while(1)
    {
        i=0x01;                 //行变量 i 指向第一行
        for(lie=0;lie<8;lie++)
```

```
                }
                    P1=i;                   //行数据送P0口
                    P2=led[lie];            //列数据送P3口
                    Delay(100);
                    i<<=1;                  //行变量左移指向下一行
                }
        }
    }
    void delay(unsigned int i)
    {
        unsigned char j;
        for( ;i>0;i--)
        for(j=0;j<125;j++);
    }
```

字符、文字或图形的点阵格式比较规范，可采用通用的取模软件获得数据文件。只要设计好适合的数据文件，就可以利用点阵方式显示多种内容，而且可根据需要任意组合和变化，使用非常灵活、方便。

实际应用中，往往需要进行复杂文字或图像的显示，单独使用一片LED不能满足要求，可以多片结合共同使用。多片8×8LED点阵可构成8×16（2片）、16×16（4片）、16×32（8片）和32×32（16片）等多种规格的LED大屏，其显示电路相对复杂，现以8×16LED点阵为例进行电路分析。

如图3-13所示，2片8×8LED点阵相连，点阵1和点阵2的行引脚并联到一起构成8个行引脚由单片机P3口控制，高电平为有效信号；点阵1和点阵2的列引脚共同组成16个列引脚，由单片机P0口和P1口共同控制，低电平为有效信号。其显示依然采用动态扫描方式，通过P3口赋有效电平依次选通各行，同时给P0口和P1口赋16位的列数据。

当采用多片8×8LED点阵组合使用时，由于单片机I/O端口有限，通常需要进行I/O端口的扩展。

3.2.3 任务实施

3.2.3.1 硬件电路设计

LED点阵显示系统硬件电路如图3-14所示。电路由最小系统电路、显示电路和驱动电路三部分组成。显示电路采用一片8×8LED点阵，P1口连接点阵的8个行引脚，输出高电平有效，进行行控制。P2口连接点阵的8个列引脚，输出低电平有效，进行列控制。由于单片机高电平电流输出能力有限，所以P1口进行行控制时需要加驱动电路，这里采用74LS245集成芯片，该芯片A口为输入，B口为输出，连接在P0口与点阵行引脚之间。该电路上电后，自动显示相应内容。

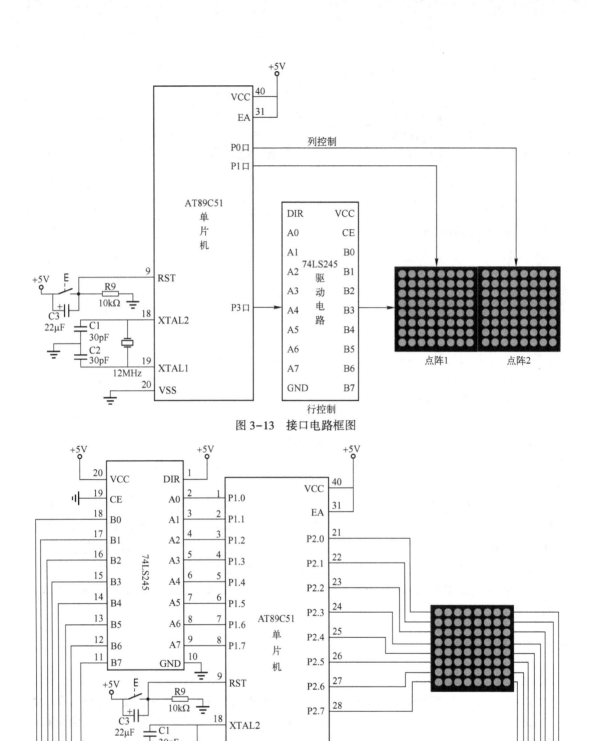

图 3-13　接口电路框图

图 3-14　LED 点阵显示系统硬件电路图

3.2.3.2 软件程序设计

程序设计中采用定义二维数组用于存放点阵显示字符"2018 年 1 月 1 日☼"的字形编码。当点阵稳定显示 2 时，采用行扫描方式，单片机 P1 口依次选中点阵的各行，同时将数组元素赋给 P2 口，利用定时器保证每行点亮时间为 1 ms，从而看到稳定显示。在此基础上外加 for 循环即可循环显示"2018 年 1 月 1 日☼"。

```c
//任务 3-2 程序:ex3-2.c
//功能:LED 点阵循环显示"2018 年 1 月 1 日☼"
#include <reg51.h>      //预处理命令,定义 51 单片机各寄存器的存储器映射
void delay(unsigned int i)
{
    unsigned char j;
    for(j=0;j<i;j++);
}

void main()              //主函数
{
    unsigned char code
        led[10][8]={ {0xff,0xe1,0xcf,0xcf,0xe3,0xf9,0xf9,0xc1},    //2
                     {0xe7,0xdb,0xdb,0xdb,0xdb,0xdb,0xdb,0xe7},    //0
                     {0xff,0xe7,0xe3,0xe7,0xe7,0xe7,0xe7,0xe7},    //1
                     {0xff,0xe3,0xc9,0xc9,0xe3,0xc9,0xc9,0xe3},    //8
                     {0xfb,0x83,0xed,0x82,0xeb,0x01,0xef,0xef},    //年
                     {0xff,0xe7,0xe3,0xe7,0xe7,0xe7,0xe7,0xe7},    //1
                     {0xc3,0xdb,0xc3,0xdb,0xc3,0xdb,0xcd,0xde},    //月
                     {0xff,0xe7,0xe3,0xe7,0xe7,0xe7,0xe7,0xe7},    //1
                     {0xff,0xc3,0xdb,0xc3,0xdb,0xdb,0xc3,0xff},    //日
                     {0xbd,0x5a,0xa5,0xc3,0xc3,0xa5,0x5a,0xbd}};
                                //定义 10×8 二维数组存放 A、1、B、2 字型码
    unsigned char i;
    unsigned int lie,hang,count;
    while(1){
        for(hang=0;hang<10;hang++)   //第一维下标取值范围 0~9
        {
            count=50;
            while(count>0)           //控制每个字符显示时间
            {
                i=0x01;
                for(lie=0;lie<8;lie++)   //第二维下标取值范围 0~7
                {
                    P1=i;
                    P2=led[hang][lie];   //将指定数组元素赋值给 P2 口
```

```
                    delay(100);
                    i<<=1;
                }
                count--;
            }
        }
    }
}
```

3.2.3.3 仿真结果

将 Keil C51 软件编译生成的十六进制文件加载到芯片中。单击运行按钮,启动系统仿真,仿真结果如图 3-15 所示。观察到 8×8LED 点阵屏循环显示 "2018 年 1 月 1 日♡"。

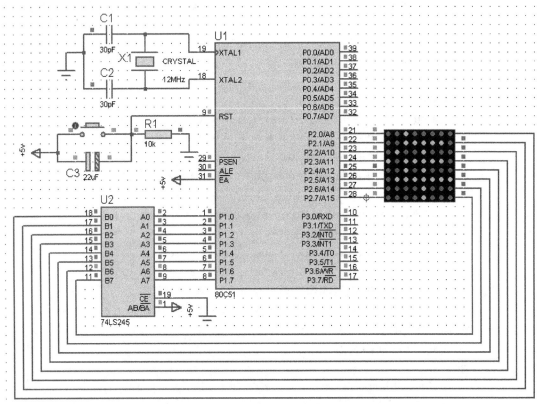

图 3-15　LED 点阵显示系统仿真电路图

3.3　任务 3　多样彩灯控制系统设计及仿真

3.3.1　任务描述

利用单片机设计一个多样彩灯控制系统,使用 4 个按键作为控制输入端,8 个发光二极管作为显示输出。4 个按键功能不同,按下第一个按键:上面 4 个发光二极管被点亮;按下第二个按键：下面4个发光二极管被点亮；按下第三个按键：发光二极管依次被点亮；按下第四个按键：全部发光二极管熄灭。

3.3.2 相关知识

3.3.2.1 键盘接口技术

在单片机应用系统中，键盘是一种重要的人机交互设备之一，是单片机应用系统中最基本的输入设备。

1. 常见开关种类

按键按照结构原理可分为两类，一类是触点式开关按键，如机械式开关、导电橡胶式开关等；另一类是无触点开关按键，如电气式按键、磁感应按键等。前者造价低，后者寿命长。按键按照接口原理可分为编码键盘与非编码键盘两类，这两类键盘的主要区别是识别键符及给出相应键码的方法。编码键盘主要是用硬件来实现对按键的识别，硬件结构复杂；非编码键盘主要是由软件来实现按键的定义与识别，硬件结构简单、软件编程量大。编码键盘内部带有硬件编码器，它通过硬件来识别键盘上的闭合键，优点是工作可靠、按键编码速度快且基本不占CPU的时间，但电路复杂、成本较高；非编码键盘通过软件来识别键盘上的闭合键，优点是硬件电路简单、成本较低，但占用CPU的时间长。在实际的单片机应用系统设计中，往往为了降低成本，大多采用非编码键盘，这里主要介绍非编码键盘，常用按键开关如图3-16所示。

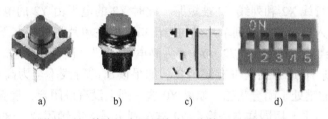

图3-16 单片机应用系统中经常使用的按键开关

2. 按键去抖

键盘是按照一定规则排列起来的一组按键的集合，而每一个按键实质上就是一个开关。目前，无论是按键还是键盘，大多数都是利用机械触点闭合、断开作用，机械触点由于弹性作用的影响，在按键闭合及断开的瞬间都有抖动现象，如图3-17所示。抖动时间的长短与开关的机械特性有关，一般为5~10 ms，为了保证CPU对按键的闭合仅做一次键输入处理，就必须去除抖动的影响，也就是去抖问题。通常去抖的方法有硬件和软件

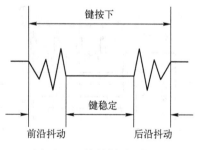

图3-17 按键抖动原理图

两种。所谓硬件去抖就是在按键输出端加RS触发器，而软件去抖就是在检测到有键按下时，执行一个10 ms左右的延时程序后，再判断该键电平是否保持闭合状态，若仍保持闭合状态，则确认该键处于闭合状态。同样，对于该键释放后的处理，也应采用相同的方法进行，从而达到去抖的效果。在单片机中，为了简化电路，常常采用软件去抖的方法。

3.3.2.2 独立式按键及其接口电路

非编码键盘按连接方式的不同主要分为两大类：一类是独立式按键，另一类为矩阵式键盘。

独立式按键的每个按键都单独占有一根 I/O 端口线，每根 I/O 端口线不影响其他 I/O 端口线的工作状态，它们都是独立的。独立式按键如图 3-18 所示，当按下键 1 时，键 1 输入为低电平，当松开键 1 时，键 1 输入为高电平。也就是说无键按下时，各输入线为高电平，有键按下时，相应的输入线为低电平。独立式按键硬件电路简单，但每个按键都要单独占有一根 I/O 端口线，如果按键数目较多时，I/O 端口线浪费大，故只在按键数量不多时采用这种电路。在此电路中，按键输入都设置为低电平有效，上拉电阻保证了按键断开时，I/O 端口线有确定的高电平。

在图 3-18 所示的独立式按键电路中，实际应用时仅使用了 P1 口的低 4 位接按键，设 P1.0~P1.3 对应按键分别为按键 1~按键 4。

3.3.2.3 矩阵式键盘及其接口电路

1. 矩阵式键盘接口电路

矩阵式键盘接口电路如图 3-19 所示，其为 4×4 的键盘结构。此键盘结构如果要采用独立式按键结构，就需要 16 根 I/O 端口线，而采用 4×4 的键盘结构，仅需要 8 根口线。图中键盘的行线 X0~X3 通过电阻接+5 V。当键盘上没有键闭合时，所有的行线和列线都断开，行线都呈高电平。当键盘上某一个键闭合时，该键所对应的行线和列线被短路。例如 10 号键被按下闭合时，行线 X2 和列线 Y2 被短路，此时 X2 的电平由 Y2 的电位决定。如果把行线接到单片机的输入口，列线接到单片机的输出口，则在单片机的控制下，先使列线 Y0 为低电平"0"，其余 3 根列线 Y1、Y2、Y3 都为高电平"1"，读行线状态。如果 X0、X1、X2、X3 都为高电平，则 Y0 这一列上没有键闭合。如果读出的行线不全为高电平，则为低电平的行线和 Y0 相交的键处于闭合状态。如果 Y0 这一列上没有键闭合，接着使列线 Y1 为低电平，其余列线为高电平，用同样方法检查 Y1 这一列上是否有键闭合。这种逐行逐列地检查键盘状态的过程称为对键盘的一次扫描。

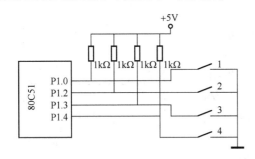

图 3-18 独立式按键电路

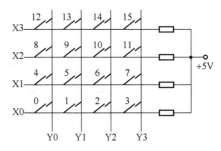

图 3-19 矩阵式键盘

2. 单片机对非编码键盘的控制方式

在单片机应用系统中，对非编码键盘的控制方式一般有程序扫描方式（查询方式）、定时控制扫描方式和中断控制扫描方式三种。

（1）程序控制扫描方式

程序扫描方式是在 CPU 不执行别的程序时，对键盘进行扫描。这种扫描占用 CPU 的时间较多，当 CPU 执行其他功能程序时，就不再响应键盘的要求，直到 CPU 重新扫描键盘为止。

在程序扫描方式下，以矩阵式键盘为例，键盘扫描子程序主要包括粗扫描、逐列扫描、求键值、等待键释放 4 个步骤。

1) 粗扫描。所谓粗扫描就是粗略判断整个键盘上有无键按下。开始时设置所有的列线 Y3~Y0 为低电平，当无键按下时，因各行线与各列线相互断开，各行线均保持高电平；当有键按下时（如 1#键按下），则相应的行线（X0）与列线（Y1）相连，该行线（X0）变为低电平。由此可见粗扫描步骤如下。

使列线 Y0 Y1 Y2 Y3 = 0000。

扫描行线 X0 X1 X2 X3：若 X0 X1 X2 X3 = 1111，则无键按下；若非全 1，则有键按下。

2) 逐列扫描。通过粗扫描能初步判断是否有键按下，但按下的键在哪一行哪一列还不明确，必须通过逐列扫描加以确定。逐列扫描步骤如下。

设置第 0 列扫描码 Y3 Y2 Y1 Y0 = 1110；输出列扫描码 Y3 Y2 Y1 Y0，扫描该列；输入 X3 X2 X1 X0，若 X3 X2 X1 X0 为全 1，则该列无键按下；

修改设置第 1 列扫描码 Y3 Y2 Y1 Y0 = 1101，输出列扫描码 Y3 Y2 Y1 Y0，扫描该列，输入 X3 X2 X1 X0，若 X3 X2 X1 X0 为全 1，则该列无键按下；

依此类推，设置第 2 列、第 3 列扫描 S 码，若扫描某列时，输入 X3 X2 X1 X0 非全 1，则该列有键按下。

3) 求键值。按键位置确定后，即可确定按键键值。根据按键位置求键值的方法有很多，图 3-19 中 4×4 的键盘可采用查表的方法求键值。先将键盘上各键对应的行码和列码组成键识别码。键盘上的每个键对应一个唯一的识别码。其中 X3 X2 X1 X0 的值为行码，Y0 Y1 Y2 Y3 的值为列码，行码值取反列码值不变后组成键识别码，键识别码如表 3-4 所示。

表 3-4 键识别码

序 号	键 值	行 码	列 码	键识别码（二进制）	键识别码（十六进制）
1	0	1110	0111	00010111	17H
2	1	1110	1011	00011011	1BH
3	2	1110	1101	00011101	1DH
4	3	1110	1110	00011110	1EH
5	4	1101	0111	00100111	27H
6	5	1101	1011	00101011	2BH
7	6	1101	1101	00101101	2DH
8	7	1101	1110	00101110	2EH
...					
16	F	0111	1110	10001110	8EH

4）求得键值后，再读取行码 X3 X2 X1 X0，若行码为非全1，键未释放，则等待。等键释放以后，根据求得的键值转向相应的键处理子程序。

（2）定时控制扫描方式

定时控制扫描方式是利用定时/计数器每隔一段时间产生定时中断，CPU 响应中断后对键盘进行扫描，并在有键闭合时转入该键的功能子程序。定时控制扫描方式与程序控制扫描方式的区别是，在扫描间隔时间内，前者用 CPU 工作程序填充，后者用定时/计数器定时控制。定时控制扫描方式也应考虑定时时间不能太长，否则会影响键输入响应的及时性。

（3）中断控制方式

中断控制方式是利用外部中断源，响应键输入信号。当无按键按下时，CPU 执行正常工作程序。当有按键按下时，CPU 立即产生中断。在中断服务子程序中扫描键盘，判断是哪一个键被按下，然后执行该键的功能子程序。这种控制方式克服了前两种控制方式可能产生的空扫描和不能及时响应键输入的缺点，既能及时处理键输入，又能提高 CPU 运行效率，缺点是占用一个中断源。

3.3.3 任务实施

3.3.3.1 硬件电路设计

多样彩灯控制系统硬件电路如图 3-20 所示。电路由最小系统电路、按键控制电路和显示电路三部分组成。单片机 P1 口的 P1.0、P1.1、P1.2、P1.3 分别与 4 个按键相连，4 个按键另一端连到一起接 GND。由单片机 P0 口通过限流电阻与 8 个发光二极管的负极相连，发光二极管的正极连到一起接+5 V，同时 P0 口外接 8 个上拉电阻接到+5 V。通过按下不同按键，控制 8 个发光二极管的显示状态。

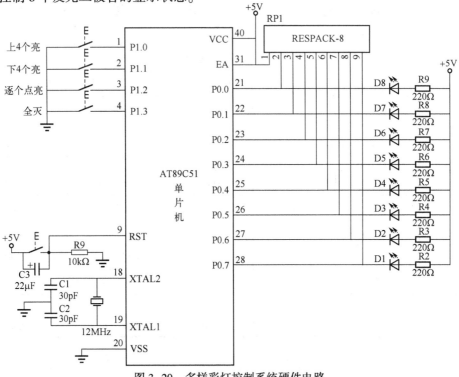

图 3-20 多样彩灯控制系统硬件电路

3.3.3.2 软件程序设计

本任务使用按键作为输入控制端,因此程序设计时需要对按键进行去抖处理。将4个按键的状态赋值给P1口,当确定有按键按下时,通过读取P1口的数值,相应地给P0口赋值,控制8个发光二极管进行不同状态显示,从而实现功能。

程序设计如下:

```c
//任务 3-3 程序:ex3-3.c
//功能:多样彩灯控制系统
#include <reg51.h>          //预处理命令,定义51单片机各寄存器的存储器映射
void  delay(unsigned char i)  //延时函数,无符号字符型变量i为形式参数
{
    unsigned char j,k;      //定义无符号字符型变量j和k
    for(k=0;k<i;k++)        //双重for循环语句实现软件延时
        for(j=0;j<255;j++);
}
void main()
{
    unsigned char t;
    P0=0xff;
    P1=0xff;
    while(1)
    {
       t=~P1;
       if(t!=0)
       {
       delay(100);
       if(t!=~P1) continue;
         switch(t)
         {
            case 0x01:P0=0xf0; break;
            case 0x02:P0=0x0f; break;
            case 0x04:if(P0==0x00) P0=0xff;
                 P0<<=1;
                 delay(200);
                 break;
            case 0x08:P0=0xff;
         }
       }
    }
}
```

3.3.3.3 仿真结果

将 Keil C51 软件编译生成的十六进制文件加载到芯片中。单击运行按钮，启动系统仿真，仿真结果如图 3-21 所示。观察到当不同按键被按下时，8 个发光二极管相应地显示不同状态。

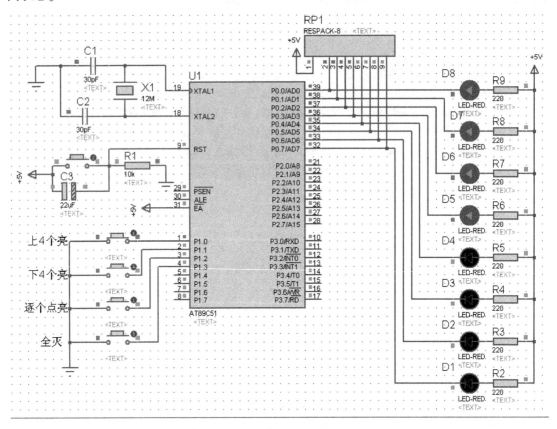

图 3-21 多样彩灯控制系统仿真结果

3.4 任务4 LCD1602 显示系统设计及仿真

3.4.1 任务描述

本任务通过 LCD1602 显示一段字符，其重点是熟悉 LCD1602 引脚功能及程序编写。

3.4.2 相关知识

3.4.2.1 液晶显示原理

液晶显示原理是利用液晶的物理特性，通过电压对其显示区域进行控制，使其根据输入信号显示相应的内容。液晶显示器具有厚度薄、适用于大规模集成电路直接驱动、易于实现全彩色显示的特点，目前已经被广泛应用在笔记本电脑、数字摄像机、PDA 和移动通信工具等众多领域。

液晶显示器的分类方法有很多种，通常可按其显示方式分为段式、字符式和点阵式等。LCD1602 也叫 1602 字符型液晶，是一种专门用来显示字母、数字、符号等的点阵型液晶模块，它由若干个 5×7 或 5×11 点阵字符位组成，每个点阵字符位都可以显示一个字符。每位之间有一个点距的间隔，每行之间也有间隔，起到了字符间距和行间距的作用。

LCD1602 分为上下两行，每行显示 16 个字符，通常称为 1602 字符型液晶显示器。由于其显示控制简单，性价比高，广泛用于电子表、冰箱、空调、汽车电子仪表等装置。1602 采用标准的 14 引脚（无背光）或 16 引脚（带背光）接口，这里选用了 16 引脚（带背光）接口。基控制器大部分为 HD44780，带背光的比不带背光的厚，是否带背光在设计过程中并无差别。LCD1602 的液晶显示器实物如图 3-22 所示。

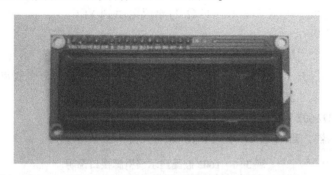

图 3-22 LCD1602 液晶显示器实物图

LCD1602 液晶显示模块可以只用 D4～D7 作为 4 位数据分两次传送，从而节省 MCU 的 I/O 端口资源。LCD1602 可以显示 2 行 16 个字符，有 8 位数据总线 D0～D7 和 RS、R/W、EN 三个控制端口，工作电压为 5 V，并且带有字符对比度调节和背光。具体引脚说明如表 3-5 所示。

表 3-5 1602 液晶显示器引脚说明

编 号	符 号	引脚说明	编 号	符 号	引脚说明
1	GND	电源地	9	DB2	数据
2	V_{CC}	电源正极	10	DB3	数据
3	VO	液晶显示偏压	11	DB4	数据
4	RS	数据/命令选择	12	DB5	数据
5	R/W	读/写选择	13	DB6	数据
6	E	使能信号	14	DB7	数据
7	DB0	数据	15	A	背光源正极
8	DB1	数据	16	K	背光源负极

表 3-5 中的引脚解释说明如下：
- GND：电源地。
- VCC：接+5 V。
- VO：液晶显示器对比度调整端，接正电源时对比度最弱，接地时对比度最高，对比度过高时会产生"鬼影"，使用时可以通过一个 10 kΩ 的电位器设定对比度。

- RS：寄存器选择端，RS 是命令/数据选择引脚，接单片机的一个 I/O 端口，当 RS 为低电平时，选择命令；当 RS 为高电平时，选择数据。
- R/W：读/写信号线，接单片机的一个 I/O 端口，当 RW 为低电平时，向 1602 写入命令或数据；当 RW 为高电平时，从 1602 读取状态或数据。如果不需要进行读取操作，可以直接将其接 GND。
- E：使能端，当 E 端由高电平跳变成低电平时，液晶显示器执行命令。
- DB0~DB7：8 位双向数据线。并行数据输入/输出引脚，可接单片机的 P0-P3 任意的 8 个 I/O 端口。如果接 P0 口，P0 口应该接 4.7 k~10 kΩ 的上拉电阻。如果是 4 线并行驱动，只需接 4 个 I/O 端口。
- A：背光源正极。可接一个 10~47 Ω 的限流电阻到 VCC。
- K：背光源负极。

LCD1602 共 16 个引脚，但是编程用到的主要有三个，分别为：RS（数据命令选择端）、R/W（读写选择端）、E（使能信号）；以后编程便主要围绕这 3 个引脚展开，进行初始化、写命令、写数据。

3.4.2.2 LCD1602 字符型液晶显示器基本指令及操作时序

1602 液晶显示器内部共有 11 条控制指令，如表 3-6 所示。

表 3-6 1602 液晶显示器引脚接口说明

序号	指令	RS	R/W	DB7	DB6	DB5	DB4	DB3	DB2	DB1	DB0
1	清显示	0	0	0	0	0	0	0	0	0	1
2	光标返回	0	0	0	0	0	0	0	0	1	—
3	置输入模式	0	0	0	0	0	0	0	1	I/D	S
4	显示开/关控制	0	0	0	0	0	1	D	C	B
5	光标或字符移位	0	0	0	0	0	1	S/C	R/L	—	—
6	功能设置	0	0	0	0	1	D	L	N	F	—
7	设置字符发生存储器地址	0	0	0	1	字符发生存储器地址			
8	设置数据存储器地址	0	0	1	显示数据存储器地址				
9	读忙信号和光标地址	0	1	BF	计数器地址				
10	写数据到 CGRAM 或 DDRAM	1	0	要写的数据内容					
11	从 CGRAM 或 DDRAM 读数据	1	1	读出的数据内容					

提示：注意观察表中 1 的位置，以区别不同指令。

1602 液晶显示器的读写操作、屏幕和光标的操作都是通过指令编程来实现的。

- 指令 1：清显示。指令码 0x01，光标复位到地址 0x00 位置。
- 指令 2：光标返回。光标返回到地址 0x00。
- 指令 3：置输入模式。I/D 为光标移动方向，高电平右移，低电平左移；S 为屏幕上所有文字是否左移或者右移标志，高电平表示有效，低电平则无效。
- 指令 4：显示开/关控制。D 为控制整体显示的开与关设置，高电平表示开显示，低电平表示关显示；C 为控制光标的开与关设置，高电平表示有光标，低电平表示无光标；B 为控制光标是否闪烁设置，高电平闪烁，低电平不闪烁。

- 指令5：光标或字符移位。S/C 为高电平时移动显示的文字，低电平时移动光标。
- 指令6：功能设置。DL 取高电平时为 4 位总线，低电平时为 8 位总线；N 取低电平时为单行显示，高电平时为双行显示；F 为低电平时显示 5×7 的点阵字符，高电平时显示 5×10 的点阵字符。
- 指令7：设置字符发生存储器地址。
- 指令8：设置数据存储器地址。
- 指令9：读忙信号和光标地址。BF 为忙标志位，高电平表示忙，此时显示器不能接收指令或者数据，如果为低电平表示不忙。
- 指令10：写数据。
- 指令11：读数据。

LCD1602 的读写操作时序分别如图 3-23 和图 3-24 所示，根据这两个图归纳出的基本操作时序表，如表 3-7 所示。

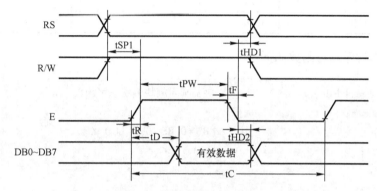

图 3-23　LCD1602 的读操作时序

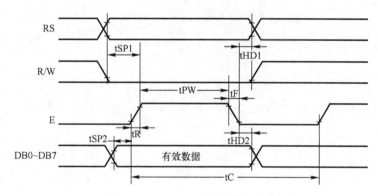

图 3-24　LCD1602 的写操作时序

表 3-7　LCD1602 基本操作时序表

读状态	输入	RS=L, R/W=H, E=H	输出	(D0~D7)=状态字
写指令	输入	RS=L, R/W=L, (D0~D7)=指令码, E=高脉冲	输出	无
读数据	输入	RS=H, R/W=H, E=H	输出	(D0~D7)=数据
写数据	输入	RS=H, R/W=L, (D0~D7)=数据, E=高脉冲	输出	无

时序时间参数如表3-8所示。

表3-8 时序时间参数

时 序 参 数	符 号	极限值/ns			测试条件
		最小值	典型值	最大值	
E 信号周期	tC	400	—	—	引脚 E
E 脉冲宽度	tPW	150	—	—	
E 上升沿/下降沿时间	tR，tF	—	—	25	
地址建立时间	tSP1	30	—	—	引脚 E、RS、R/W
地址保持时间	tHD1	10	—	—	
数据建立时间（读操作）	tD	—	—	100	引脚 DB0~DB7
数据保持时间（读操作）	tHD2	20	—	—	
数据建立时间（写操作）	tSP2	40	—	—	
数据保持时间（写操作）	tHD2	10	—	—	

根据读操作时序编写函数如下：

```
unsigned read_lcd( )            //液晶显示模块读状态字函数
{ uchar com;
RW=1;                           // RS=0,RS=0,读 LCD 状态
delay(5);
RS=0;
delay(5);
delay(5);
E=1;                            //E=1
delay(5);
com=P2;
delay(5);
E=0;                            //E=0
delay(5);
RW=0;
delay(5);
}
```

根据写操作时序编写函数如下：

```
void write_com(uchar com)       //液晶显示模块写指令函数
{
RS=0;                           //RS=0,写指令
P2=com;
delay(5);
E=1;
```

```
    delay(5);
    E=0;                           //E=0
}
void write_date(uchar date)        //液晶显示模块写数据函数
{
    RS=1;                          //RS=1,写数据
    P2=date;
    delay(5);
    E=1;                           //E=1
    delay(5);
    E=0;
}
```

3.4.2.3 LCD1602 字符型液晶显示器的显存及字库

液晶显示器是一个慢显示器件,所以在执行每条指令之前一定要确认显示器的忙标志,(调用指令9检测BF位)是否为低电平,为低表示不忙,否则显示器处于忙状态,外部给定指令失效。显示字符时,要先输入显示字符地址,也就是告诉显示器在哪里显示字符,图3-25是LCD1602的内部显示地址。

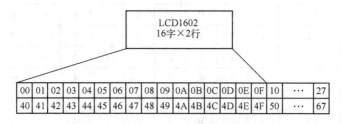

图 3-25 LCD1602 的内部显示地址

例如,第二行第一个字符的地址是0x40,能否对LCD1602液晶显示器直接写入0x40就可以将光标定位在第二行第一个字符的位置呢?这样不行,因为写入显示地址时要求最高位D7恒定为高电平1,所以实际写入的数据应该是01000000B(0x40)+10000000B(0x80)=11000000B(0xC0)。

在对液晶显示器的初始化中要先设置其显示模式,在液晶显示器显示字符时光标是自动右移的,无须人工干预。每次输入指令前都要判断液晶显示器是否处于忙的状态。

1602液晶显示器内部的字符发生存储器(CGROM)已经存储了160个不同的点阵字符图形。这些字符有阿拉伯数字、英文字母的大小写、常用的符号和日文假名等,每一个字符都有一个固定的代码,比如大写英文字母"A"的代码是01000001B(0x41),显示时模块把地址0x41中的点阵字符图形显示出来,就能看到字母"A"。字母"A"代码与图形显示如图3-26所示。

图3-26的左边就是字符"A"的字模数据,右边就是将左边数据用"○"代表0,用"■"代表1。从而显示出"A"这个字形。从表3-9可以看出,字符"A"的高4位是0100,低4位是0001,合在一起就是01000001b,即41H。它恰好与该字符的ASCII码一致,这样就给了我们很大的方便,就可以在PC上使用P2='A'这样的语法。编译后,正好是这个字符的字符代码。

```
01110    ○■■■○
10001    ■○○○■
10001    ■○○○■
10001    ■○○○■
11111    ■■■■■
10001    ■○○○■
10001    ■○○○■
```

图 3-26 字母 "A" 代码与图形显示

表 3-9 1602 LCD 的 CGROM 字符代码与图形对应图

高4位 低4位	MSB 0000	0010	0011	0100	0101	0110	0111	1010	1011	1100	1101	1110	1111
LSB××××0000	CGRAM (1)		0	@	P	`	p		一	タ	ミ	α	p
××××0001	(2)	!	1	A	Q	a	q	。	ア	チ	ム	ä	q
××××0010	(3)	"	2	B	R	b	r	Γ	イ	ツ	メ	β	θ
××××0011	(4)	#	3	C	S	c	s	」	ウ	ラ	モ	ε	∞
××××0100	(5)	$	4	D	T	d	t	、	ユ	ト	ヤ	μ	Ω
××××0101	(6)	%	5	E	U	e	u	·	オ	ナ	ユ	σ	u
××××0110	(7)	&	6	F	V	f	v	ウ	カ	ニ	ヨ	ρ	Σ
××××0111	(8)	'	7	G	W	g	w	ア	キ	ス	ヲ	g	π
××××1000	(1)	(	8	H	X	h	x	イ	ケ	ネ	リ	√	x̄
××××1001	(2)	)	9	I	Y	i	y	ウ	ケ	ノ	ル	¨	y
××××1010	(3)	*	:	J	Z	j	z	エ	ラ	ハ	レ	j	千
××××1011	(4)	+	;	K	[	k	{	オ	サ	ヒ	ロ	`	万
××××1100	(5)	,	<	L	¥	l			ャ	シ	フ	ワ	Φ	H
××××1101	(6)	-	=	M	]	m	}	エ	ス	ヘ	ン	キ	÷
××××1110	(7)	、	>	N	^	n	→	ヨ	セ	ホ		n̄	
××××1111	(8)	/	?	O	_	o	←	シ	ソ	マ	。	Ö	■

字符代码 0x00~0x0F 为用户自定义的字符图形 RAM（对于 5×8 点阵的字符，可以存放 8 组，5×10 点阵的字符，存放 4 组），就是 CGRAM 了。0x20~0x7F 为标准的 ASCII 码，0xA0~0xFF 为日文字符和希腊文字符，其余字符码（0x10~0x1F 及 0x80~0x9F）没有定义。

表 3-9 是 1602 的十六进制 ASCII 码表地址：读的时候，先读上面那行，再读左边那列，如：感叹号"!"的 ASCII 为 0x21，字母 B 的 ASCII 为 0x42（前面加 0x 表示十六进制）。

3.4.3 任务实施

3.4.3.1 硬件电路设计

根据任务要求，将 1602 连接至 P0 口，由 P0 控制 LCD 的显示，V0 接滑动变阻器，防止 LCD 出现"鬼影"，P3 口控制 LCD 的 RS、R/$\overline{W}$及 E，程序 1 的硬件电路如图 3-27 所示，程序 2 的硬件电路参照图 3-27 略加修改即可。

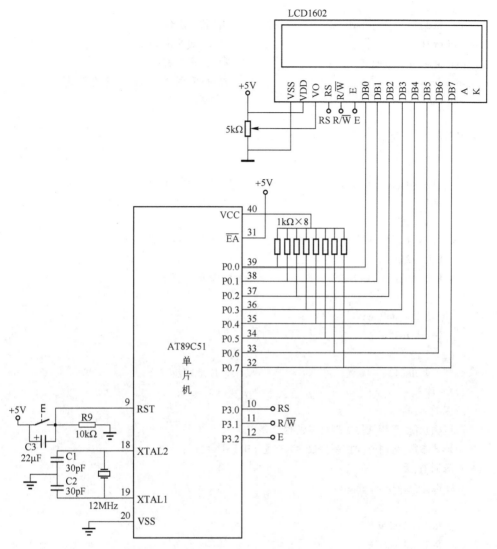

图 3-27 硬件电路

3.4.3.2 软件程序设计

```
//任务 3-4 程序 1:ex3-4.c
//参考程序 1,显示一串字符
//功能:LCD 液晶显示程序,采用 8 位数据接口
#include <REG51.H>
#include <INTRINS.H>              //库函数头文件,代码中引用了_nop_()函数
sbit RS = 0xb0;                   //P3.0
sbit RW = 0xb1;                   //P3.1
sbit E = 0xb2;                    //P3.2
// 声明调用函数
void lcd_w_cmd( unsigned char com);   //写命令字函数
void lcd_w_dat( unsigned char dat);   //写数据函数
```

```c
unsigned char lcd_r_start();        //读状态函数
void int1();                         //LCD 初始化函数
void delay(unsigned char t);         //可控延时函数
void delay1();                       //软件实现延时函数,5个机器周期
void main()                          //主函数
{
    unsigned char lcd[]="SHEN ZHEN";
    unsigned char i;
    P0=0xff;                         // 送全1到P0口
    int1();                          // 初始化LCD
    delay(255);
    lcd_w_cmd(0x83);                 // 设置显示位置
    delay(255);
    for(i=0;i<9;i++)                 // 显示字符串
    {
        lcd_w_dat(lcd[i]);
        delay(200);
    }
    while(1);                        // 原地踏步
}
//函数名:delay
//函数功能:采用软件实现可控延时
//形式参数:延时时间控制参数存入变量t中
//返回值:无
void delay(unsigned char t)
{
    unsigned char j,i;
    for(i=0;i<t;i++)
        for(j=0;j<50;j++);
}
//函数名:delay1
//函数功能:采用软件实现延时,5个机器周期
//形式参数:无
//返回值:无
void delay1()
{
    _nop_();
    _nop_();
    _nop_();
}
//函数名:int1
//函数功能:lcd 初始化
```

```c
//形式参数:无
//返回值:无
void int1()
{
    lcd_w_cmd(0x3c);                    // 设置工作方式
    lcd_w_cmd(0x0e);                    // 设置光标
    lcd_w_cmd(0x01);                    // 清屏
    lcd_w_cmd(0x06);                    // 设置输入方式
    lcd_w_cmd(0x80);                    // 设置初始显示位置
}
//函数名:lcd_r_start
//函数功能:读状态字
//形式参数:无
//返回值:返回状态字,最高位 D7=0,LCD 控制器空闲;D7-1,LCD 控制器忙
unsigned char lcd_r_start()
{
    unsigned char s;
    RW=1;                               //RW=1,RS=0,读 LCD 状态
    delay1();
    RS=0;
    delay1();
    E=1;                                //E 端时序
    delay1();
    s=P0;                               //从 LCD 的数据口读状态
    delay1();
    E=0;
    delay1();
    RW=0;
    delay1();
    return(s);                          //返回读取的 LCD 状态字
}
//函数名:lcd_w_cmd
//函数功能:写命令字
//形式参数:命令字已存入 com 单元中
//返回值:无
void lcd_w_cmd(unsigned char com)
{
    unsigned char i;
    do {                                // 查 LCD 忙操作
        i=lcd_r_start();                // 调用读状态字函数
        i=i&0x80;                       // 与操作屏蔽掉低 7 位
        delay(2);
```

```
          }while(i!=0);                    // LCD 忙,继续查询,否则退出循环
    RW=0;
    delay1();
    RS=0;                                  // RW=1,RS=0,写 LCD 命令字
    delay1();
    E=1;                                   //E 端时序
    delay1();
    P0=com;                                //将 com 中的命令字写入 LCD 数据口
    delay1();
    E=0;
    delay1();
    RW=1;
    delay(255);
}
//函数名:lcd_w_dat
//函数功能:写数据
//形式参数:数据已存入 dat 单元中
//返回值:无
void lcd_w_dat(unsigned char dat)
{
    unsigned char i;
    do {                                   // 查忙操作
        i=lcd_r_start();                   // 调用读状态字函数
        i=i&0x80;                          // 与操作屏蔽掉低 7 位
        delay(2);
    }while(i!=0);                          // LCD 忙,继续查询,否则退出循环
    RW=0;
    delay1();
    RS=1;                                  // RW=1,RS=0,写 LCD 命令字
    delay1();
    E=1;                                   // E 端时序
    delay1();
    P0=dat;                                // 将 dat 中的显示数据写入 LCD 数据口
    delay1();
    E=0;
    delay1();
    RW=1;
    delay(255);
}
//任务 3-4 程序 2:ex3-5.c
//功能:程序 2  LCD 液晶显示程序,带有时钟
#include <REG51.H>
```

```c
#include <INTRINS.H>                              //库函数头文件,代码中引用了_nop_()函数
// 定义控制信号端口
sbit RS = P2^0;                                   //P3.0
sbit RW = P2^1;                                   //P3.1
sbit E =  P2^2;                                   //P3.2
sbit s1 = P3^0;
sbit s2 = P3^1;
sbit s3 = P3^2;
char sec,min,hour;
unsigned char msec,count;
unsigned char code open[ ]="YuLin Normal";        //定义上电显示字符数组
unsigned char code time[ ]="   23:59:00    ";
// 声明调用函数
void init( );                                     //LCD 初始化函数
void lcd_w_cmd(unsigned char com);                //写命令字函数
void lcd_w_dat(unsigned char date);               //写数据函数
unsigned char lcd_r_start( );                     //读状态函数
void write_time(unsigned char add,unsigned char date);
void delay(unsigned char t);                      //可控延时函数
void delay1( );                                   //软件实现延时函数,5 个机器周期
void keyscan( );

void main( )                                      //主函数
{
    init( );
    while(1)
    {
        keyscan( );
    }
}
void init( )
{
unsigned char num,i;
hour = 23;
min = 59;
sec = 00;
lcd_w_cmd(0x38);
lcd_w_cmd(0x0c);
lcd_w_cmd(0x06);
lcd_w_cmd(0x01);
lcd_w_cmd(0x82);
for(num = 0;open[num] != '\0';num++)              //把数组中的内容写完
```

```
            }
                lcd_w_dat(open[num]);
                delay(1);
        }
    for(i=0;i<1;i++)
        {
                for(num=0;num<6;num++)           //整屏右移6
                {
                    lcd_w_cmd(0x1c);
                    delay(1);
                }
                for(num=0;num<12;num++)          //整屏左移12
                {
                    lcd_w_cmd(0x18);
                    delay(1);
                }
                for(num=0;num<6;num++)           //整屏右移6
                {
                    lcd_w_cmd(0x1c);
                    delay(1);
                }
        }
    lcd_w_cmd(0x80+0x40);                        //写入第二行数据
    for(num=0;time[num]!='\0';num++)
    {
        lcd_w_dat(time[num]);
        delay(1);
    }
    TMOD=0x01;
    TH0=(65536-46080)/256;
    TL0=(65536-46080)%256;
    EA=1;
    ET0=1;
    TR0=1;
}
//函数名:delay
//函数功能:采用软件实现可控延时
//形式参数:延时时间控制参数存入变量t中
//返回值:无
void delay(unsigned char t)
{
    unsigned char k;
```

```c
    while (t--)
    {
        for (k=0;k<50; k++);
    }
}
//函数名:delay1
//函数功能:采用软件实现延时,5个机器周期
//形式参数:无
//返回值:无
void delay1()
{
    _nop_();
    _nop_();
    _nop_();
}
//函数名:lcd_r_start
//函数功能:读状态字
//形式参数:无
//返回值:返回状态字,最高位 D7=0,LCD 控制器空闲;D7=1,LCD 控制器忙
unsigned char lcd_r_start()
{
    unsigned char s;
    RW=1;                      //RW=1,RS=0,读 LCD 状态
    delay1();
    RS=0;
    delay1();
    E=1;                       //E 端时序
    delay1();
    s=P0;                      //从 LCD 的数据口读状态
    delay1();
    E=0;
    delay1();
    RW=0;
    delay1();
    return(s);                 //返回读取的 LCD 状态字
}
//函数名:lcd_w_cmd
//函数功能:写命令字
//形式参数:命令字已存入 com 单元中
//返回值:无
void lcd_w_cmd(unsigned char com)
{
```

```c
    unsigned char i;
    do {                                // 查 LCD 忙操作
        i=lcd_r_start();                // 调用读状态字函数
        i=i&0x80;                       // 与操作屏蔽掉低7位
        delay(2);
       } while(i!=0);                   // LCD 忙,继续查询,否则退出循环
    RW=0;
    delay1();
    RS=0;                               // RW=1,RS=0,写 LCD 命令字
    delay1();
    E=1;                                //E 端时序
    delay1();
    P0=com;                             //将 com 中的命令字写入 LCD 数据口
    delay1();
    E=0;
    delay1();
    RW=1;
    delay(255);
}
//函数名:lcd_w_dat
//函数功能:写数据
//形式参数:数据已存入 dat 单元中
//返回值:无
void lcd_w_dat(unsigned char date)
{
    unsigned char i;
    do {                                // 查忙操作
        i=lcd_r_start();                // 调用读状态字函数
        i=i&0x80;                       // 与操作屏蔽掉低7位
        delay(2);
       } while(i!=0);                   // LCD 忙,继续查询,否则退出循环
    RW=0;
    delay1();
    RS=1;                               // RW=0,RS=1,写 LCD 命令字
    delay1();
    E=1;                                // E 端时序
    delay1();
    P0=date;                            // 将 dat 中的显示数据写入 LCD 数据口
    delay1();
    E=0;
    delay1();
    RW=1;
```

```c
        delay(255);
}
void timer0() interrupt 1
{
    TH0=(65536-46080)/256;
    TL0=(65536-46080)%256;
    msec++;
    if(msec==20)
    {
        msec=0;
        sec++;
        if(sec==60)
        {
            sec=0;
            min++;
            if(min==60)
            {
                min=0;
                hour++;
                if(hour==24)
                {
                    hour=0;
                }
                write_time(4,hour);
            }
            write_time(7,min);
        }
        write_time(10,sec);
    }
}
void write_time(unsigned char add,unsigned char date)
{
unsigned char shi,ge;
shi=date/10;
ge=date%10;
lcd_w_cmd(0x80+0x40+add);
lcd_w_dat(0x30+shi);
lcd_w_dat(0x30+ge);
}
void keyscan()
{
if(s1==0)
```

```
{
    delay(5);
    if(s1==0)
    {   count++;
        while(!s1);
        if(count==1)
        {
            TR0=0;
            lcd_w_cmd(0x80+0x40+10);
            lcd_w_cmd(0x0f);
        }
    }
        if(count==2)
        {
            lcd_w_cmd(0x80+0x40+7);
        }
        if(count==3)
        {
            lcd_w_cmd(0x80+0x40+4);
        }
        if(count==4)
        {
            count=0;
            lcd_w_cmd(0x0c);
            TR0=1;
        }
}
        if(count!=0)
        {
        if(s2==0)
        {
            delay(5);
            if(s2==0)
            {
                if(count==1)
                {
                    sec++;
                    if(sec==60)
                        sec=0;
                    write_time(10,sec);
                    lcd_w_cmd(0x80+0x40+10);
```

```c
            }
            if(count==2)
            {
                min++;
                if(min==60)
                    min=0;
                    write_time(7,min);
                    lcd_w_cmd(0x80+0x40+7);
            }
            if(count==3)
            {
            hour++;
            if(hour==24)
            hour=0;
                write_time(4,hour);
                lcd_w_cmd(0x80+0x40+4);
            }
        }
    }
if(s3==0)
{
    delay(5);
    if(s3==0)
    {
        while(!s3);
        if(count==1)
        {
        sec--;
        if(sec==-0)
        sec=59;
        write_time(10,sec);
        lcd_w_cmd(0x80+0x40+10);

        }
        if(count==2)
        {
            min--;
            if(min==-1)
                min=59;
        write_time(7,min);
        lcd_w_cmd(0x80+0x40+7);
```

```
            }
              if(count = = 3)
                {
                  hour--;
                  if(hour = = -1)
                    hour = 23;
                    write_time(4,hour);
             lcd_w_cmd(0x80+0x40+4);
                }
            }
          }
        }
      }
    }
```

3.4.3.3 仿真结果

将 Keil 软件编译生成的十六进制文件加载到芯片中。单击"运行"按钮,启动系统仿真,仿真结果如图 3-28 和图 3-29 所示。可以看到液晶显示可根据不同程序显示不同内容。

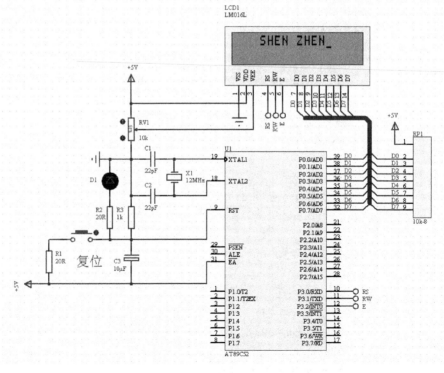

图 3-28 程序 1 仿真电路图

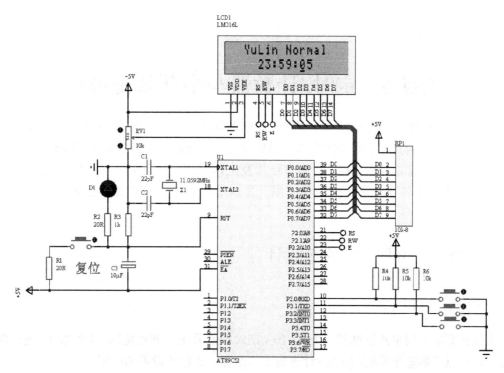

图 3-29 程序 2 仿真电路图

3.5 习题

1. 填空题

1）数组元素是组成数组的基本单元，必须先定义_____，才能使用_____。
2）当 LED 数码管应用于显示位数较多的场合时，一般采用_____显示方式。
3）LED 数码管按照内部连接方式不同可分为_____和_____两种结构。
4）LED 点阵显示器，一次只能点亮_____行。
5）按键按照结构原理可分为_____和_____。

2. 选择题

1）共阴极结构的 LED 数码管公共端接（   ）。

A. P0 口　　　　　　B. VCC　　　　　　C. GND　　　　　　D. 不接

2）应用系统中需要使用 16 个按键，应使用（   ）方式。

A. 矩阵式键盘　　　B. 动态键盘　　　　C. 静态键盘　　　　D. 独立式按键

3）按键消除机械抖动可采用的方法有（   ）。

A. 硬件去抖动　　　　　　　　　　　　B. 软件去抖动
C. 单稳态电路去抖动　　　　　　　　　D. 软、硬件两种方法

4）LED 数码管（   ）显示方式编程简单，但占用 I/O 端口线多，一般适用于显示位数较少场合。

A. 静态　　　　　　B. 动态　　　　　　C. 静态和动态　　　D. 查询

109

项目4 定时/计数器与中断系统应用

本项目从10 s定时系统设计入手,首先让读者对单片机内部定时器进行初步了解;然后通过设计一个简单的具有中断功能点阵图形显示系统及仿真,引入单片机中断系统的相关知识。本项目主要涉及单片机定时、计数器结构及工作方式、中断系统及寄存器控制等内容,让读者了解单片机定时及中断的编程应用,为以后学习单片机检测和控制设计打下良好基础。

4.1 任务1 10秒定时系统设计

4.1.1 任务描述

本任务要求采用单片机制作一个0~10 s定时控制系统,利用定时/计数器T0进行两位定时,其重点是熟悉单片机的定时/计数器工作原理、寄存器设置和应用。

4.1.2 相关知识

4.1.2.1 定时/计数器结构

单片机应用系统中通常需要对发生事件进行定时控制、延迟和对外部事件计数等功能,实现这些功能可使用多种方法,在之前的学习中我们已经掌握了软件定时的使用,通过循环程序达到延时效果,但只能粗略地估算时间长短,不容易做到准确定时,在需要用到准确定时的场合(例如制作秒表、时钟等)并不适用,而且软件延时占用CPU时间,降低了CPU的利用率。下面学习一种利用单片机内部定时/计数器资源实现精确定时、计数的方法,此方法的使用灵活方便,已广泛应用于生产生活中。

1. 定时/计数器结构

51单片机内部有两个16位可编程定时/计数器T0和T1,每个定时/计数器又分别由两个8位特殊功能寄存器组成,T0由高8位TH0和低8位TL0组成,T1由高8位TH1和低8位TL1组成。同时单片机内部还包含一个工作方式控制寄存器TMOD和一个控制寄存器TCON。

2. 定时/计数器功能

单片机内部定时/计数器同时具有定时和计数两种功能,都可通过编程实现。

计数功能:单片机定时/计数器可对外部脉冲(外部事件)进行计数。外部脉冲由单片机T0(P3.4)、T1(P3.5)两个引脚输入,输入脉冲下降沿有效,触发加法计数器加1(注:为了保证计数的正确性,要保证输入脉冲高低电平都在一个机器周期以上)。

定时功能:单片机定时/计数器用作定时功能时,也是通过计数实现的,只是对单片机内部机器周期脉冲进行计数。机器周期由振荡脉冲频率决定,如单片机采用6 MHz晶振,一个机器周期为 2 μs；采用 12 MHz 晶振，一个机器周期为 1 μs，根据设置计数值，即可确定定时时间（定时时间＝机器周期×计数值）。

3. 工作方式控制寄存器 TMOD

TMOD 用于设置定时/计数器的工作方式，是一个 8 位特殊功能寄存器，其中高 4 位设置 T1，低 4 位设置 T0，设置方式完全相同。TMOD 各位含义如表 4-1 所示。

表 4-1　工作方式控制寄存器 TMOD 各位含义

	控制位		说　明
定时/计数器 T1	D7	GATE	门控位	GATE=0：软件启动，设置控制位 TR0 或 TR1 为 1 启动定时器 GATE=1：软硬件联合启动，在软件启动基础上，还需设置 INT0（P3.2）或 INT1（P3.3）为 1 时启动定时器
	D6	C/$\overline{T}$	功能选择位	C/$\overline{T}$=0：定时器工作方式 C/$\overline{T}$=1：计数器工作方式
	D5	M1	工作方式选择位	M1M0=00，工作方式 0，13 位计数器 M1M0=01，工作方式 1，16 位计数器 M1M0=10，工作方式 2，初值自动重载 8 位计数器 M1M0=11，工作方式 3，T0 分成 2 个 8 位计数器，T1 停止计数
	D4	M0		
定时/计数器 T0	D3	GATE	门控位	同上 GATE
	D2	C/$\overline{T}$	功能选择位	同上 C/$\overline{T}$
	D1	M1	工作方式选择位	同上 M1、M0
	D0	M0		

应用举例如下。

1）定时/计数器 T0 为软启动，采用工作方式 2 实现定时功能，设置 TMOD。

根据表 4-1 可知，TMOD 的值为 00000010（T1 没用，高 4 位可随意设置，这里设为 0000）。赋值语句为

```
TMOD = 0x02;
```

2）定时/计数器 T1 为软启动，采用工作方式 1 实现计数功能，设置 TMOD。

根据表 4-1 可知，TMOD 的值为 01010000（T0 没用，低 4 位可随意设置，这里设为 0000）。赋值语句为

```
TMOD = 0x50;
```

注：TMOD 不能位寻址，只能用字节设置工作方式。

4. 控制寄存器 TCON

TCON 用于控制定时/计数器启动、停止、溢出及中断。是一个 8 位特殊功能寄存器，其格式如表 4-2 所示。

表 4-2　TCON 各位名称

D7	D6	D5	D4	D3	D2	D1	D0
TF1	TR1	TF0	TR0	IE1	IT1	IE0	IT0
定时/计数器				中断			

TCON 低 4 位用于控制单片机中断，这里不做介绍。

1）TF1 和 TF0：定时/计数器 T1 和 T0 的溢出中断标志位。

T0 或 T1 计数计满时，由硬件自动将其置 1，并向 CPU 发出中断，中断响应后由硬件自动清零；该位也可作为查询测试标志，此时要及时以软件方式清 0。

2）TR1 和 TR0：定时/计数器 T1 和 T0 的运行控制位。

TR1 或 TR0 位置 1 时，启动相应定时/计数器；TR1 或 TR0 位置 0 时，关闭相应定时/计数器。

应用举例：

```
TR1 = 1;              //启动定时器 T1
While( !TF1);         //查询溢出标志位,当计数计满时 TF1 由 0 变 1
TF1 = 0;              //T1 溢出标志位软件清 0
```

4.1.2.2 定时/计数器工作方式

1. 定时/计数器工作流程

定时/计数器工作流程如图 4-1 所示。定时/计数器的核心是一个加法计数器，每输入一个脉冲，计数值加 1，当计数值达到定时/计数器最大计数范围时，产生溢出。用户可编程设置计数初值，从而设置计数的个数，确定定时时间。定时/计数器初值设置根据其工作方式而不同，下面进行详细讲解。

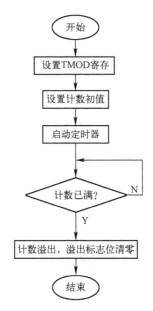

图 4-1　定时/计数器工作流程

2. 定时/计数器工作方式

（1）工作方式 0

当 TMOD 中 M1M0 = 00 时，定时/计数器被选为工作方式 0，13 位定时/计数器，计数范围是 0~8191，其最大计数值为 8192（即 2^{13}）。

工作在方式 0，16 位寄存器只用了 13 位，其中 TL0 的高 3 位未用。以定时/计数器 T0

为例介绍其内部结构,定时/计数器工作方式 0 内部结构如图 4-2 所示。

当 C/T̄=0 时,T0 为定时功能,对内部机器周期进行计数,TL0 低 5 位计满直接向 TH0 进位,而 TH0 溢出时向中断标志位 TF0 进位申请中断。

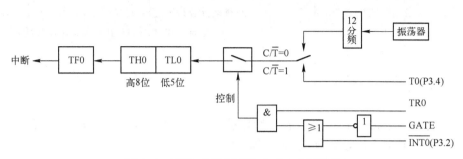

图 4-2　定时/计数器工作方式 0 内部结构

> 定时时间 = 计数值 × 机器周期

即:t=(8192-T0 初值)×12/时钟频率(机器周期 =12/时钟频率)

当 C/T̄=1 时,T0 为计数功能,对外部 T0 (P3.4)输入脉冲进行计数。当外部信号发生 "1" 到 "0" 跳变时,计数器加 1。

当 GATE=0 时,软启动方式。此时或门输出恒为 1,TR0=1 时,定时/计数器 T0 启动;TR0=0 时,定时/计数器 T0 停止。

当 GATE=1 时,软硬件共同启动方式。TR0=1 同时还需 INT0(P3.2)为高电平才能启动定时/计数器 T0。

设置计数初值是定时/计数器应用的重点内容,下面介绍设置计数初值方法。

> 计数值 = 定时时间/机器周期
> 计数初值 = 最大计数值 − 计数值

计算出来的结果转换为十六进制数后分别写入 TL0(TL1)、TH0(TH1)。

小提示:方式 0 时初始值写入时,对于 TL 不用的高 3 位应填入 0。

【例 4-1】编程实现 50 ms 延时函数。

选用定时/计数器 T0 工作方式 0 定时 5 ms,晶振频率为 12 MHz,计算初值。

计数值 = 5 ms/1 μs = 5000

计数初值 = 8192 − 5000 = 3192 = 110001111000B

把低 5 位送入 TL0,高 8 位送入 TH0,计数初值为:TH0 = 63H,TL0 = 18H

程序如下。

```
void delay50ms( )
{
    unsigned char i;
    TMOD = 0x00;              //设置 T0 为定时器,工作方式 0
    for(i=0;i<10;i++)         //设置 10 次循环次数
    {
```

```
            TH0 = 0x63;              //设置定时器初值为2508H
            TL0 = 0x18;
            TR0 = 1;                 //启动T1
            while(!TF0);             //查询计数是否溢出,即定时7 ms时间到,TF1 = 1
            TF0 = 0;                 //7 ms定时时间到,将T1溢出标志位TF1清零
        }
    }
```

(2) 工作方式1

当TMOD中M1M0 = 01时,定时/计数器被选为工作方式1,16位定时/计数器,计数范围是0~65535,其最大计数值为65536(即2^{16})。

工作方式1与工作方式0内部结构相同,只是计数位数为16位,TH0占高8位,TL0占低8位。

【例4-2】 编程实现200 μs延时函数。

选用定时/计数器T1,工作方式1,定时200 μs,晶振频率为12 MHz,计算初值。
计数值 = 200 μs /1 μs = 200
计数初值 = 65536-200 = 65336 = 1111111100111000B = FF38H
把低8位送入TL1,高8位送入TH1,计数初值为:TH1 = FFH,TL1 = 38H。
程序如下。

```
    void delay200 us( )
    {
            TMOD = 0x10;             //设置T1为定时器,工作方式1
            TH1 = 0xFF;              //设置定时器初值为FF38H
            TL1 = 0x38;
            TR1 = 1;                 //启动T1
            while(!TF1);             //查询计数是否溢出,即定时200 μs时间到,TF1 = 1
            TF1 = 0;                 //200 μs定时时间到,将T1溢出标志位TF1清零
        }
    }
```

(3) 工作方式2

当TMOD中M1M0 = 10时,定时/计数器被选为工作方式2,初值自动重载8位定时/计数器,下面以定时/计数器T0为例介绍其内部结构,定时/计数器工作方式2内部结构如图4-3所示。

工作方式2时,TL0为8位计数器,TH0为预置寄存器,用于保存计数初值,因此计数范围是0~255,其最大计数值为256(即2^8)。

在方式0和方式1中,计数计满产生溢出后,计数器里面的值变为0,要想再次计数,必须通过程序语句重新将计数初值送入计数器中,在循环定时和计数应用时,需要反复预置计数初值,影响定时精度。在需要精确定时的场合,可应用工作方式2,编程时,将初值分别付给TL0和TH0,TL0作为计数器开始计数,当计满溢出时,TH0自动将保存的初值装入TL0,重新开始计数。此种方式省去了软件中重装初值的程序,可达到精确定时。

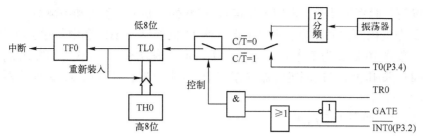

图 4-3 定时/计数器工作方式 2 内部结构

【例 4-3】 编程实现 1 ms 延时。

选用定时/计数器 T1，工作方式 2，晶振频率为 6 MHz，编程实现 1 ms 延时。

最大定时为 256×2 μs = 512 μs，可选择定时 500 μs，再循环 2 次。

计数值 = 500 μs / 2 μs = 250

计数初值 = 256 − 250 = 6 = 110B = 6H

程序如下。

```
void delay1ms ( )
{
    unsigned char i;
    TMOD = 0x20;
    TH0 = 0x06;          //设置定时器初值为 06H
    TL0 = 0x06;
    for(i=0;i<2;i++)     //设置 2 次循环次数
    {
        TR1 = 1;         //启动 T1
        while(!TF1);     //查询计数是否溢出,即定时 7 ms 时间到,TF1 = 1
        TF1 = 0;         //7 ms 定时时间到,将 T1 溢出标志位 TF1 清零
    }
}
```

(4) 工作方式 3

当 TMOD 中 M1M0 = 11 时，定时/计数器被选为工作方式 3，T0 分成两个 8 位计数器，T1 停止计数（只有 T0 可以设置为工作方式 3）。定时/计数器工作方式 3 内部结构如图 4-4 所示。

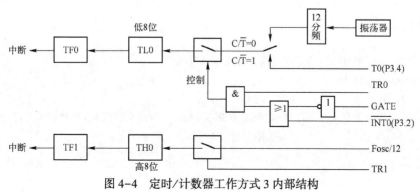

图 4-4 定时/计数器工作方式 3 内部结构

TL0：既可定时也可计数。占用了原定时器 T0 的控制位、引脚和中断源。

TH0：简单的内部定时功能。占用了定时器 T1 的控制位 TR1 和中断标志位 TF1。

定时/计数器 T0 定义为工作方式 3 时，T1 可定义为方式 0、方式 1 和方式 2。

【例 4-4】 采用单片机内部定时器制作一个 5 s 定时器，每计时 5 s 钟蜂鸣器报警提示，然后重新开始计时。

硬件电路设计如图 4-5 所示。

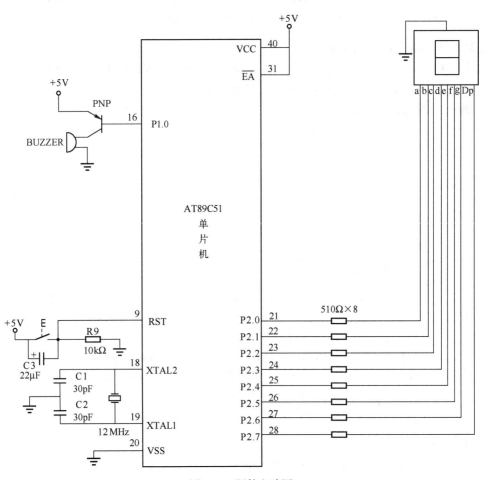

图 4-5　硬件电路图

程序设计如下：

```
//功能:采用单片机内部定时器制作的5s定时报警器
#include <reg51.h>
sbit P1_0=P1^0;            //位定义
unsigned char led[ ]={0xf9,0xa4,0xb0,0x99,0x92};  //定义数组led存放数字1~5的字型码
void delay1s( )            //采用定时器1实现1s延时
{
```

```c
    unsigned char i;
    for(i=0;i<20;i++)              //设置 20 次循环次数
    {
        TH1 = 0x3c;
        TL1 = 0xb0;                //设置定时器初值为 3CB0H
        TR1 = 1;                   //启动 T1
        while(!TF1);               //查询计数是否溢出,即定时 50 ms 时间到,TF1 = 1
        TF1 = 0;                   //50 ms 定时时间到,将 T1 溢出标志位 TF1 清零
    }
}
void  main()                       //主函数
{
    unsigned char i;
    TMOD = 0x10;                   //设置定时器 1 工作于方式 1
    while(1) {
      P1_0 = 1;
      for(i=0;i<5;i++)
      {
        P2 = led[i];               //字型显示码送段控制口 P2
        delay1s();                 //延时 1 s
      }
      P1_0 = 0;                    //蜂鸣器报警提示
      delay1s();
    }
}
```

4.1.3 任务实施

4.1.3.1 硬件电路设计

10 s 定时硬件电路如图 4-6 所示。电路由最小系统电路、按键输入电路和显示电路三部分组成。按键外部输入端（P3.6）连接一按键，按键另一端接地；显示电路采用两位共阴极数码管，P0 口和 P2 口分别连接数码管 a~Dp，数码管公共端接地，同时 P0 口外接 8 个上拉电阻到+5 V。通过按下按键，即可启动定时进行 10 s 定时，再次按下清零，如此反复可多次定时。

4.1.3.2 软件程序设计

本任务控制两个数码管进行定时显示，因此采用静态显示方式。通过单片机内部定时器对外部按键进行定时，然后需要将定时值拆分为个位数和十位数，分别显示在个位数码管和十位数码管上。

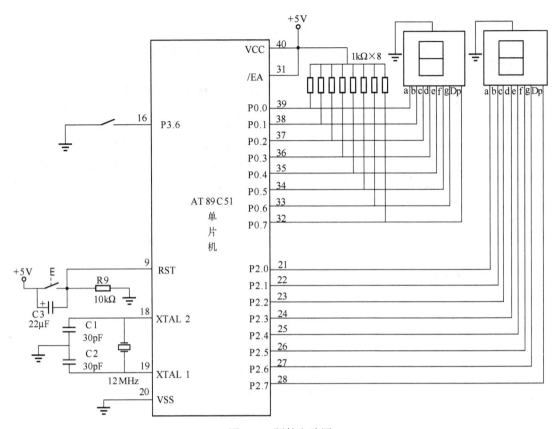

图 4-6 硬件电路图

程序设计如下:

```
//任务4-1程序:ex4-1.c
#include <reg51.h>
#define uchar unsigned char
#define unit unsigned int
sbit k1=P3^6;
uchar i,second,key;
bit key_state;
uchar DSY_CODE[ ]={0x3f,0x06,0x5b,0x4f,0x66,0x6d,0x7d,0x07,0x7f,0x6f};
//判断按键状态
void key_hand( )
{
    if(key_state==0)
    {
        key=(key+1)%2;
        switch(key)
        {case 1:EA=1;ET0=1;TR0=1;break;
         case 0:EA=0;ET0=0;TR0=0;P0=0x3f;P2=0x3f;i=0;second=0;
```

        }
    }
}

//延时
void delayms(unit ms)
{
uchar m;
while(ms--)for(m=0;m<120;m++);
}

//主程序
void main()
{
    P0=0x3F;
    P2=0x3F;
    i=0;
    second=0;
    key=0;
    key_state=1;
    TMOD=0x01;
    TH0=(65536-50000)/256;
    TL0=(65536-50000)%256;
    while(1)
    {
      if(key_state!=k1)
        {
            delayms(10);
            key_state=k1;
            key_hand();
        }
    }
}

//中断
void dingshi() interrupt 1
{
    TH0=(65536-50000)/256;
    TL0=(65536-50000)%256;
    if (++i==2)
      {i=0;
        ++second;

```
P0=DSY_CODE[second/10];
P2=DSY_CODE[second%10];
if(second==100)second=0;
  }
     }
```

4.1.3.3 仿真结果

将 Keil C51 软件编译生成的十六进制文件加载到芯片中，单击"运行"按钮，启动系统仿真，仿真结果如图 4-7 所示。观察到每按一次按键，数码管显示开始定时及清零功能。

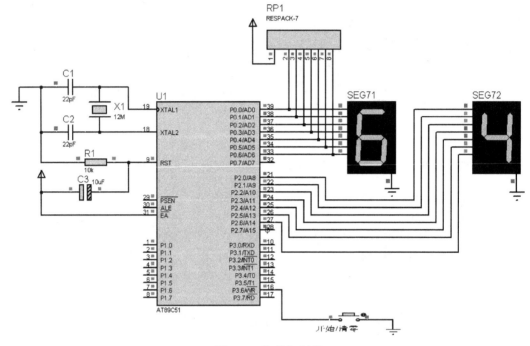

图 4-7 仿真电路图

4.2 任务 2 具有中断功能点阵图形显示系统设计

4.2.1 任务描述

本任务要求采用单片机制作一个具有中断功能点阵图形显示系统，主要掌握中断原理、中断相关寄存器设置及应用。点阵平时显示数字 0~9，当按下中断时显示图形。

4.2.2 相关知识

4.2.2.1 中断系统

1. 中断及相关概念

（1）中断

中断是指 CPU 正在处理某件事情的时候，外部发生了某一事件，请求 CPU 迅速处理。

或者 CPU 的快速与外设的慢速发生了矛盾时，CPU 暂时中断当前的工作，转而处理所发生的其他事件，处理完以后，再回来继续执行被中止的工作，这个过程称为中断。

(2) 中断系统

实现中断功能的部件称为中断系统。

(3) 中断源

引起中断的原因，或能发出中断申请的来源，统称为中断源。

(4) 主程序

原来正在运行的程序称为主程序，它可以调用其他子程序。

(5) 断点

主程序被断开的位置称为断点。计算机采用中断技术，能够大大提高它的效率和处理问题的灵活性。

调用中断服务程序类似于程序设计中的调用子程序，但二者又有区别，主要区别如表 4-3 所示。

表 4-3 中断服务程序与调用子程序的区别

中断服务程序	调用子程序
随机产生的	程序中事先安排好的
保护断点、保护现场	只保护断点
为外设服务并处理各种事件	为主程序服务

2. 中断优点

中断具有同步工作、实时处理和故障处理等优点。

(1) 同步工作

计算机有了中断功能后，就能解决快速 CPU 和慢速外设之间的矛盾，从而可使 CPU 和外设同步工作。计算机在启动外设后，仍继续执行主程序，同时外设也在工作，每当外设完成一任务，就发出中断请求，请求 CPU 中断它正在执行的程序，转而去执行中断服务程序，中断处理完之后，CPU 恢复执行主程序，外设也继续工作。这样 CPU 可以命令多个外设同时工作，从而大大提高了 CPU 的利用率。

(2) 实时处理

在实时控制中，现场采集的各种数据总是不断变化的。有了中断功能，外界这些变化的数据就可根据要求，随时向 CPU 发出中断请求，要求 CPU 及时响应，加以处理，这样的处理在查询方式下是很难做到的。

(3) 故障处理

当计算机在运行过程中，出现一些事先无法预料的故障是难免的，如电源消失、存储数据出错、运算溢出等。当有了中断功能，计算机就能自行进行处理，而不必停机。

3. 中断功能

(1) 实现中断并返回

当某一个中断源发出中断请求时，CPU 能决定是否响应这个中断请求（当 CPU 正在执行更急、更重要的工作时，可以暂时不响应中断），若允许响应这个中断请求，CPU 必须将正在执行的指令执行完毕后，再把断点处的 PC 值（即下一条将要执行的指令地址）保存下来，这称为保护断点，这是计算机自动执行的。同时用户自己编程时，也要把有关的寄存器内容和标志位的状态推入堆栈，这称为保护现场。完成保护断点和保护现场的工作后可执行中断服务程序，执行完毕，需要恢复现场，使 CPU 返回断点，继续执行主程序，这个过程如图 4-8 所示。

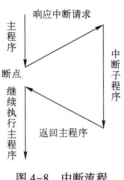

图 4-8 中断流程

（2）实现优先权排队

通常系统中有多个中断源，有时会出现两个或多个中断源同时提出中断请求，这就要求计算机既能区分各个中断源的请求，又能确定首先为哪一个中断源服务。为了解决这一问题，通常给各个中断源规定了优先级别，称为优先权。

当两个或者两个以上的中断源同时提出中断请求时，计算机首先为优先权最高的中断源服务，再响应级别较低的中断源。计算机按中断源级别高低逐次响应的过程称为优先级排队。这个过程可以通过硬件电路来实现，也可以通过程序查询来实现。

（3）实现中断嵌套（高级中断源能中断低级中断处理）

当 CPU 响应某一中断源的请求进行中断处理时，若有优先权级别高的中断源发出中断请求，则 CPU 能中断正在执行的中断服务程序，并保留这个程序的断点，响应高一级中断。当高级中断处理完以后，再继续进行被中断的中断服务程序，这个过程称中断嵌套，如图 4-9 所示。如果发出新的中断请求的中断源的优先权级别与正在处理的中断源同级或更低时，则 CPU 就暂不响应这个中断申请，直至将正在处理的中断服务程序执行完之后才去响应新发出的中断申请，并做出相应的处理。

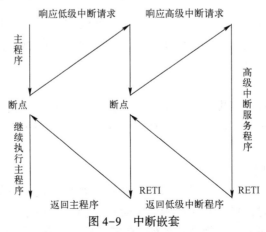

图 4-9 中断嵌套

4.2.2.2 中断系统寄存器

1. 中断系统

中断过程是在硬件的基础上再配以相应的软件实现的。计算机不同，其硬件结构和软件指令也是不尽相同的，因而中断系统一般也有所差异。80C51 中断系统结构框图如图 4-10 所示。

由图 4-10 可知，80C51 系列单片机是一个多中断源的单片机，共有 3 类 5 个中断源，5 个中断源中有两个外部中断源，由 $\overline{INT0}$、$\overline{INT1}$（P3.2、P3.3）输入；两个为片内定时器/计数器溢出时产生的中断请求（用 TF0、TF1 做标志）；另外一个为片内串行口产生的发送中断 TI 或接收中断 RI（TI 或 RI 作为一个中断源）。

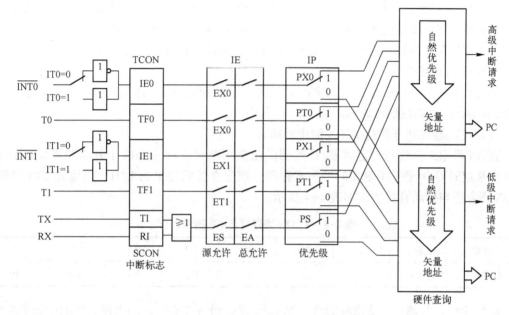

图 4-10　80C51 中断源及中断系统结构图

（1）外部中断源

由外部原因引起的中断即为外部中断，共有两个：即外部中断 0 和外部中断 1，相应的中断请求信号输入端是 $\overline{INT0}$ 和 $\overline{INT1}$。其触发方式也有两种，即电平触发方式和脉冲触发方式。

CPU 在每个周期的 S5P2 检测 $\overline{INT0}$ 和 $\overline{INT1}$ 上的信号。对于电平触发方式，若检测到低电平即为有效的中断请求；对于脉冲触发方式要检测两次，若前一次为高电平，后一次为低电平，则表示检测到了负跳变的有效中断请求信号。在实际使用时，低电平或高电平的宽度至少要保持一个机器周期即 12 个振荡周期，主要目的是为了保证检测的可靠性。

$\overline{INT0}$ 为外部中断 0 请求，通过 P3.2 脚输入。由 IT0(TCON.0)引脚来决定什么情况下有效，是低电平有效还是负跳变有效。当输入有效信号时，由内部硬件置位 IE0，即向 CPU 发出中断申请，以便识别。

$\overline{INT1}$ 为外部中断 1 请求，通过 P3.3 脚输入。由 IT1(TCON.2)引脚来决定什么情况下有效，是低电平有效还是负跳变有效。当输入有效信号时，由内部硬件置位 IE1，即向 CPU 发出中断申请,以便识别。

(2) 定时器/计数器 0、1 的溢出中断 TF0 和 TF1

TF0 为定时器 T0 溢出中断请求。当定时器 T0 产生溢出时,定时器 T0 中断即请求标志 TF0 置位,请求中断。

TF1 为定时器 T1 溢出中断请求。当定时器 T1 产生溢出时,定时器 T1 中断即请求标志 TF1 置位,请求中断。

(3) 串行口中断

RI 或 TI 为串行中断请求。当接收或发送完一串行帧时,置位内部串行口中断即请求标志 RI 或 TI,请求中断。

当 CPU 响应某一中断源的中断申请之后,CPU 即把此中断源的中断入口地址存入 PC 中,中断服务程序即从此地址开始执行。因一般在此地址存放的是一条绝对跳转指令,可使程序从此地址跳转到用户安排的中断服务程序去,因而将此地址称为中断入口。

2. 特殊功能寄存器

80C51 中每一个中断请求标志位都对应每一个中断请求,它们分别用特殊功能寄存器 TCON 和 SCON 中相应的位表示。

(1) 定时器控制寄存器 TCON 的中断标志

TCON 是用来存放两个定时器/计数器的溢出中断请求标志和两个外部中断请求标志,同时也是定时器/计数器 0 和 1 的控制寄存器。该寄存器的地址为 88H,位地址 88H~8FH。TCON 寄存器与中断有关的位如表 4-4 所示。

表 4-4 TCON 寄存器与中断有关的位

位地址	8F	8E	8D	8C	8B	8A	89	88
位称号	TF1	—	TF0	—	IE1	IT1	IE0	IT0

IE0(IE1):外部中断请求标志位,当 CPU 采样到$\overline{INT0}$或$\overline{INT1}$端出现有效的中断请求时,此位由硬件置 1,表示外部事件请求中断。在中断响应完成后转向中断服务时,该标志被内部硬件自动清除。

IT0(IT1):外中断请求信号方式控制位,当 IT0(IT1)= 1 时,选择脉冲触发方式(又称边沿触发方式,分为负跳变和正跳变),负跳变有效;当 IT0(IT1)= 0 时,选择电平触发方式(分为高电平和低电平),低电平有效。该位由用户设置。

TF0(TP1):定时器的中断溢出标志位,当产生溢出时,此位由硬件置 1,当定时器/计数器转向中断服务时,由硬件自动清零。

(2) 串行口控制寄存器 SCON 的中断标志

串行口控制寄存器 SCON 低二位用来作为串行口中断请求标志。该寄存器的地址是 98H,位地址为 98H~9FH。串行口控制寄存器 SCON 与中断有关的位如表 4-5 所示。

表 4-5 串行口控制寄存器 SCON 与中断有关的位

位地址	9F	9E	9D	9C	9B	9A	99	98
位符号	/	/	/	/	/	/	TI	RI

RI：串行口接收中断请求标志位。当硬件置 1 时，表明 80C51 接收到一帧串行数据。需要注意的是当 CPU 转向中断服务程序后，该位应由软件清零。

TI：串行口发送中断请求标志位。当硬件置 1 时，表明 80C51 发送完一帧串行数据。在转向中断服务程序后，该位也应由软件清零。

（3）中断允许控制寄存器 IE

在 80C51 单片机中断系统中，中断的允许或禁止是由片内的中断允许寄存器 IE 控制的。IE 寄存器的地址是 A8H，位地址为 A8H~AFH。其内容和位地址如表 4-6 所示。

表 4-6 IE 寄存器

位地址	AF	AE	AD	AC	AB	AA	99	A8
位符号	EA	/	/	ES	ET1	EX1	ET0	EX0

EA：中断允许总控制位。EA=0 时，表示所有的中断请求被屏蔽，即 CPU 禁止所有中断；EA=1 时，则表示 CPU 开放中断，但每个中断源的中断请求是允许还是禁止，须由各自的允许位来控制和进行。

EX0(EX1)：外部中断允许控制位。EX0(EX1)=1，允许外部中断；EX0(EX1)=0，禁止外部中断。

ET0(ET1)：定时器/计数器的中断允许控制位。ET0(ET1)=1，允许定时器/计数器中断；ET0(ET1)=0，禁止定时器/计数器中断。

ES：串行中断允许控制位。ES=1，允许串行中断；ES=0，禁止串行中断。

中断允许寄存器中各相应位的状态，可根据要求用指令置位或清零。

（4）中断优先级控制寄存器 IP

80C51 单片机的中断优先级控制，系统只定义了高、低两个优先级。各中断源的优先级由优先级控制寄存器 IP 来进行设定。

IP 寄存器地址是 B8H，位地址为 B8H~BFH。寄存器的内容及位地址表示如表 4-7 所示。

表 4-7 IP 寄存器

位地址	BF	BE	BD	BC	BB	BA	B9	B8
位符号	/	/	/	PS	PT1	PX1	PT0	PX0

PX0：外部中断 0 优先级设定位。PX0=1，外部中断 0 定义为高优先级中断；PX0=0，外部中断 0 定义为低优先级中断。

PT0：定时器 T0 中断优先级设定位。PT0=1，定时器 T0 定义为高优先级中断；PT0=0，定时器 T0 定义为低优先级中断。

PX1：外部中断 1 优先级设定位。PX1=1，外部中断 1 定义为高优先级中断；PX1=0，外部中断 1 定义为低优先级中断。

PT1：定时器 T1 中断优先级设定位。PT1=1，定时器 T1 定义为高优先级中断；PT1=0，定时器 T1 定义为低优先级中断。

PS：串行口中断优先级设定位。PS=1，串行口中断定义为高优先级中断；PS=0，串行口中断定义为低优先级中断。

中断优先级控制寄存器 IP 的各个控制位都可以通过编程来置位或清零。单片机复位后，

IP 中各位均被清零。

中断优先级是为中断嵌套服务的，80C51 单片机中断优先级的控制原则如下。

1) 一个中断一旦得到响应，与之同级或低级的中断请求不能中断它。

2) 高优先级中断请求可以打断低优先级的中断服务，但低优先级中断请求不能打断高优先级的中断服务，从而实现中断嵌套。

3) 若同级的中断请求有多个同时出现，则按 CPU 查询次序确定哪个中断请求能被响应。其查询次序为

外部中断 0→定时器/计数器中断 0→外部中断 1→定时器/计数器中断 1→串行口中断

4.2.2.3 中断系统处理过程

1. 中断处理过程

中断响应、中断处理和中断返回是中断处理过程的 3 个阶段。虽然所有计算机的中断处理都有这样 3 个阶段，但不同的计算机由于中断系统的硬件结构不完全相同，因而中断响应的方式也有所不同，下面以 80C51 单片机为例来介绍中断处理过程。

（1）中断响应

中断响应是指在满足 CPU 的中断响应条件之后，CPU 对中断源中断请求的回答。在这个阶段，CPU 要完成中断服务程序以前的所有准备工作，其主要内容是：保护断点和把程序转向中断服务程序的入口地址。需要注意的是，计算机在运行时，并不是任何时刻都会去响应中断请求，只有在中断响应条件满足之后才会响应中断请求。

CPU 响应中断的基本条件共三条，具体如下：

1) 首先中断源须发出中断申请。

2) CPU 允许所有中断源申请中断，即中断总允许位 EA=1。

3) 中断源可以向 CPU 申请中断，申请中断的中断源的中断允许位为 1。

以上是 CPU 响应中断的基本条件。如果满足上述条件，CPU 通常会响应中断，但如果存在有下列任一种情况，则中断难以响应。

1) CPU 正在执行一个高一级的或同级的中断服务程序。

2) 正在执行的指令还未完成，即当前机器周期不是正在执行的指令的最后一个周期。

3) 正在执行的指令是对专用寄存器 IE、IP 进行读/写的指令或者是返回指令，此时，在执行 RETI 或者读写 IE 或 IP 之后，不会马上响应中断请求，至少在执行一条其他指令之后才会响应。

若满足以上任何一种情况，中断查询结果就被取消；否则，在紧接着的下一个机器周期，就会响应中断。

在每个机器周期的 S5P2 期间，CPU 对各中断源采样，同时设置相应的中断标志位。CPU 在下一个机器周期 S6 期间按优先级顺序查询各中断标志，如查询到某个中断标志为 1，将在下一个机器周期 S1 期间按优先级进行中断处理。中断查询在每个机器周期中反复执行，如果中断响应的基本条件已满足，但由于上述三条之一而未被及时响应，待上述封锁的条件被撤销之后，中断标志却已消失了，则这次中断申请实际上已不能执行。

如果中断响应条件满足，且不存在中断受到阻断的情况，那么 CPU 即响应中断，能自动把断点地址压入堆栈保护起来（但不保护状态字寄存器 PSW 及其他寄存器内容），然后将对应的中断入口装入程序计数器 PC，使程序转向该中断入口地址，执行中断服务程序。

在80C51单片机中各中断源与之对应的入口地址分配如表4-8所示。

表 4-8 中断源与之对应的入口地址

中 断 源	n	入 口 地 址
外部中断0	0	0003H
定时/计数器0	1	000BH
外部中断1	2	0013H
定时/计数器1	3	001BH
串行口	4	0023H

为了使程序跳转到用户安排的中断服务程序起始地址上去，使用时通常在这些入口地址处存放一条绝对跳转指令。

(2) 中断处理

中断处理一般包括两部分内容：一是保护现场，二是处理中断源的请求。中断服务程序从入口地址开始执行，直至结束，这个过程称为中断处理（又称中断服务）。

由于一般主程序和中断服务程序都可能会用到累加器、PSW寄存器及其他一些寄存器，CPU在进入中断服务程序后，用到上述寄存器时，就会破坏它原来存在寄存器中的内容，一旦中断返回，将会造成主程序混乱。因而在进入中断服务程序后，一般要先保护现场，然后再执行中断处理程序，在返回主程序以前，再进行现场恢复。

在编写中断服务程序时还需注意以下几点。

1) 在各入口地址之间，只相隔8B，一般的中断服务程序难以容纳，因而最常用的方法是在中断入口地址单元处存放一条无条件转移指令，这样可使中断服务程序灵活地安排在64KB程序存储器的任何空间。

2) 如果要在执行当前中断程序时禁止更高优先级中断源中断，可先用软件关闭CPU中断，或禁止更高级中断源的中断，而在中断返回前再开放中断。

3) 在保护和恢复现场时，为了不使现场数据受到破坏或者造成混乱，一般规定在保护和恢复现场时，CPU不响应新的中断请求。这就要求在编写中断服务程序时，注意在保护现场之前要关中断，在恢复现场之后开中断。

(3) 中断返回

中断返回是指中断处理完成，单片机返回到原来断开的位置（即断点），从而继续执行原来的程序。中断返回时把断点地址取出，送回到程序计数器PC中去。此外，它还通知中断系统已完成中断处理，将清除优先级状态触发器。综上所述，可以把中断处理过程用图4-11的流程图进行概括。

图4-11中，保护现场之后的开中断是为了允许有更高级中断打断此中断服务程序。

2. 中断请求撤除

CPU响应某中断请求后，为防止引起另一次中断，TCON或SCON中的中断请求标志应及时清除。对于定时器溢出中断，CPU在响应某中断后，要用硬件清除有关的中断请求标志TF0或TF1，即中断请求无须采取其他措施，是自动撤除的。

对于串行口中断，CPU响应中断后不能自动撤除这些中断，CPU没有用硬件清除TI或RI，用户必须在中断服务程序中用软件来清除。

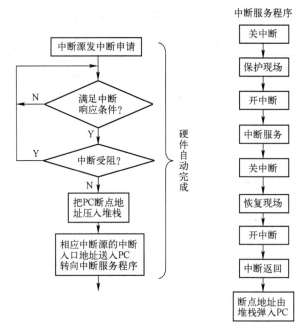

图 4-11 中断处理过程流程图

对于边沿触发的外部中断，CPU 在响应中断后，也是通过硬件自动清除有关的中断请求标志 IE0 或 IE1，即中断请求无须采取其他措施，也是自动撤除的；对于电平触发的外部中断，CPU 响应中断后是由硬件自动清除中断申请标志 IE0 或 IE1，但并不能彻底解决中断请求的撤除问题，因为尽管中断标志清除了，但是 $\overline{INT0}$ 或 $\overline{INT1}$ 引脚上的低电平信号可能会保持较长的时间，在下一个机器周期中断请求时，又重新会使 IE0 或 IE1 置 1，这就必须在外部中断请求信号接到 $\overline{INT0}$ 或 $\overline{INT1}$ 引脚的电路上采取措施，以及时撤除中断请求信号。图 4-12 所示是一种可行的方案。外部中断请求信号并没有直接加在 $\overline{INT0}$ 或 $\overline{INT1}$ 上，而是加在 D 触发器的 CLK 端。D 端子接地，当外部中断请求的正脉冲信号出现在 CLK 端，且 $\overline{INT0}$ 或 $\overline{INT1}$ 为低电平时，发出中断请求。用 P1.0 接在触发器的 $\overline{S}$ 端作为应答线。

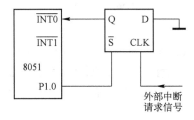

图 4-12 外部中断撤除电路

3. 中断响应时间

CPU 不是在任何情况下都对中断请求立即响应，而且不同情况对应的中断响应时间也不同。所谓中断响应时间，是从查询中断请求标志位开始到转向中断入口地址所需的机器周期数。

80C51 单片机的最短响应时间为 3 个机器周期。中断请求标志位查询占 1 个机器周期，而这个机器周期是执行指令的最后一个机器周期,在这个机器周期结束后,中断即被响应,执行调用指令需要 2 个机器周期,这样中断响应共经历了 3 个机器周期。

若中断响应被前面所述的情况所封锁,响应时间将需要更长。假设中断标志查询时,刚好开始执行 RET、RETI 或访问 IE、IP 的指令,则需要把当前指令执行完再继续执行一条指令后,才能进行中断响应。执行 RET、RETI 或访问 IE、IP 指令最长要 2 个机器周期。而如果继续执行的那条指令恰好是 MUL(乘)或 DIV(除)指令,则又需要 4 个机器周期,再加上执行调用指令所需要的 2 个机器周期,即需要 8 个机器周期的最长响应时间。

当然,如果出现同级或高级中断正在响应或服务中需等待的时候,那么响应时间就无法计算了。按照以上估算,若系统中只有一个中断源,则响应时间为 3~8 个机器周期。

4. 中断系统应用

中断控制实质上就是用软件对 4 个与中断有关的特殊功能寄存器 TCON、SCON、IE 和 IP 进行管理和控制。人们对这些寄存器相应位的状态进行预置,CPU 就会按照人的意向对中断源进行管理和控制。在 80C51 单片机中,需要人为进行管理和控制的有以下几点。

1)CPU 的开中断、关中断应控制。
2)各中断源中断请求的允许和禁止。
3)各中断源优先级别的设定。
4)外部中断请求的触发方式。

中断管理程序和中断控制程序一般在主程序中编写,并不独立编写。中断服务程序是为中断源的特定要求服务,以中断返回来结束指令,具有特定功能的独立程序段。在中断响应过程中,断点的保护主要由硬件电路来实现。对用户而言,在编写中断服务程序时,首先要考虑保护现场和恢复现场。在多级中断系统中,中断可以嵌套。为了不至于在保护现场或恢复现场时,由于 CPU 响应其他更高级中断请求而破坏现场,通常要求在保护现场或恢复现场时,CPU 不响应外界的中断请求,即关中断。因此在编写程序时,应在保护现场和恢复现场之前,使 CPU 关中断,在保护现场或恢复现场之后,根据需要使 CPU 开中断。

5. 中断响应过程

中断响应过程就是自动调用并执行中断函数的过程。

C51 编译器支持在 C 源程序中直接以函数形式编写中断服务程序。常用的中断函数定义语法如下。

> void 函数名( )   interrupt n

其中 n 为中断类型号,C51 编译器允许 0~31 个中断,n 取值为 0~31。表 4-9 给出了 8051 控制器所提供的 5 个中断源所对应的中断类型号和中断服务程序入口地址。

表 4-9 中断源及函数定义

中 断 源	n	入 口 地 址	函 数 定 义	
外部中断 0	0	0003H	void INT0( )	interrupt 0
定时/计数器 0	1	000BH	void T0( )	interrupt 1
外部中断 1	2	0013H	void INT1( )	interrupt 2
定时/计数器 1	3	001BH	void T1( )	interrupt 3
串行口	4	0023H	void TR( )	interrupt 4

4.2.3 任务实施

4.2.3.1 电路设计

根据任务分析设计基于单片机的简单计数器。数码管连接在 P0、P1、P2 三个端口上，计数输入由外部中断 0 输入，清零键设计在 P3 口一个引脚，具体电路如图 4-13 所示。

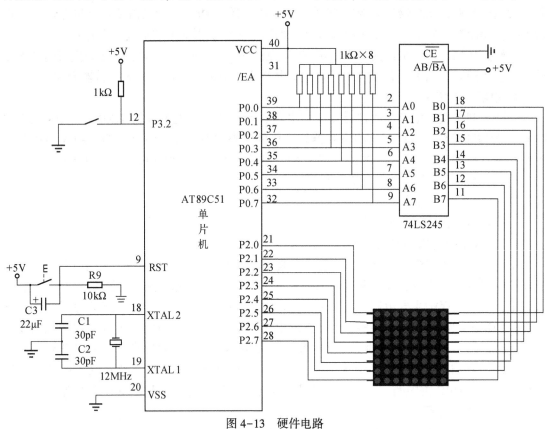

图 4-13 硬件电路

4.2.3.2 软件程序设计

本任务要求使用外部中断，程序中采用外部中断 0，显示采用点阵显示方式，在主程序中，正常工作时，点阵循环显示数字 0~9，当外部中断 0 有下降沿触发脉冲时，程序自动跳转到中断子程序执行中断子程序，显示中断图形，执行完毕后返回主程序继续执行主程序。

程序设计如下。

```
//任务 4-2 程序:ex4-2.c
//功能:具有中断显示图形功能的数字点阵显示
#include <reg51.h>
unsigned char j;
unsigned int liea,hanga,counta;
unsigned char i;
unsigned int lieb,hangb,countb;
unsigned char code leda[10][8]=
```

```c
        {{0x00,0x00,0x7e,0x42,0x42,0x7e,0x00,0x00},//0
         {0x00,0x00,0x00,0x7e,0x7e,0x00,0x00,0x00},//1
         {0x00,0x20,0x30,0x45,0x45,0x39,0x00,0x00},//2
         {0x00,0x22,0x49,0x49,0x49,0x36,0x00,0x00},//3
         {0x00,0x0C,0x14,0x24,0x7F,0x04,0x00,0x00},//4
         {0x00,0x72,0x51,0x51,0x51,0x4E,0x00,0x00},//5
         {0x00,0x3E,0x49,0x49,0x49,0x26,0x00,0x00},//6
         {0x00,0x40,0x40,0x40,0x4F,0x70,0x00,0x00},//7
         {0x00,0x36,0x49,0x49,0x49,0x36,0x00,0x00},//8
         {0x00,0x32,0x49,0x49,0x49,0x3E,0x00,0x00}};//9
unsigned char code ledb[2][8]=
{{0x00,0x7E,0x7E,0x7E,0x7E,0x7E,0x7E,0x00},
 {0x00,0x38,0x44,0x54,0x44,0x38,0x00,0x00}};       //图形
void delay1ms()                    //1 ms 延时了函数
{
    TH1=(65536-1000)/256;          //设置定时器初值
    TL1=(65536-1000)%256;
    TR1=1;                         //启动 T1
    while(!TF1);                   //查询计数是否溢出,即定时 50 ms 时间到,TF1=1
    TF1=0;                         //1 ms 定时时间到,将 T1 溢出标志位 TF1 清零
}
  void exint0() interrupt 0        //中断
  {
  for(hangb=0;hangb<2;hangb++)
  {
        countb=50;
        while(countb>0)
        {
            i=0x01;
            for(lieb=0;lieb<8;lieb++)
            {
               P0=i;
               P2=~ledb[hangb][lieb];
               delay1ms();
               i<<=1;
            }
        countb--;
        }
   }
   P0=0XFF;P2=0XFF;
 }
void main()                        //主函数
```

```
    P0=0XFF;
    P1=0XFF;
    TMOD=0x10;              //设置定时器1工作于方式1
    IT0=0;
    EA=1;EX0=1;PX0=1;
    while(1){
            for(hanga=0;hanga<10;hanga++)
            {
                counta=50;
                while(counta>0)
                {
                    j=0x01;
                    for(liea=0;liea<8;liea++)
                    {
                        P0=j;
                        P2=~leda[hanga][liea];
                        delay1ms();
                        j<<=1;
                    }
                    counta--;
                }
            }
    }
}
```

4.2.3.3 仿真结果

将 Keil C51 软件编译生成的十六进制文件加载到芯片中。单击"运行"按钮，启动系统仿真，仿真结果如图 4-14 所示。观察点阵的数值变化，当按下中断按键，点阵显示中断显示。

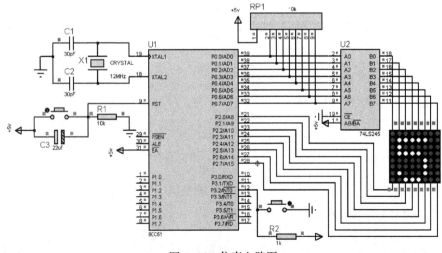

图 4-14 仿真电路图

4.3 习题

1. 简述题

1) 论述定时器的工作原理。
2) 定时器程序中 TMOD、TCON 的作用。
3) 中断子程序的结构。

2. 上机题

1) 编写一个定时为 0~100 s 的定时程序,并通过仿真实现功能。
2) 编写具有两个中断源的点阵显示程序,要求按下中断按键,分别显示不同中断图形,并通过仿真实现功能。

项目 5　A-D 与 D-A 转换接口电路设计

本项目从温度检测并自动报警设计与仿真入手，首先让读者了解单片机的 A-D 转换原理及典型 A-D 转换芯片 ADC0809 硬件电路及软件编程应用；然后通过简易波形发生器设计与仿真，让读者了解单片机及 D-A 转换原理及典型 D-A 转换芯片 DAC0832 硬件电路设计及软件编程应用。

5.1　任务 1　温度检测并自动报警设计与仿真

5.1.1　任务描述

在检测领域和自动控制系统中，自然界中的模拟信号常常以模拟量形式出现，比如表示温度、湿度变换的模拟电子信号，而单片机智能仪表以及自动控制系统能处理的信号是数字信号，也就是 0 和 1。因此，经常需要把单片机中的数字量信号与连续变化的模拟量信号相互转换。本任务通过设计实现简易模拟温度报警器，将模拟量通过 ADC0809 与单片机进行数据转换、数码管显示、单片机报警数据设置结合起来，学习 A-D 转换技术在单片机系统中的应用。熟悉模拟信号采集与输出数据显示的综合程序设计与调试方法。

5.1.2　相关知识

5.1.2.1　A-D 转换基本原理

1. A-D 转换原理

A-D 转换器是通过一定的电路将连续的模拟量转变为单片机嵌入式系统可处理的数字量。模拟量主要指电压、电流等电信号。自然界中非电信号通过传感器变成电压信号输入到 A-D 转换器中。A-D 转换后，输出 8 位、10 位、12 位和 16 位的数字信号。

2. A-D 转换步骤

从模拟量到数字量的转换可以分为采样、保持、量化和编码 4 个步骤。

1）采样：是指周期地获取模拟信号的瞬时值，从而得到一系列时间上离散的脉冲采样值。

2）保持：是指在两次采样之间，将前一次采样值保存下来，使其在量化编码期间不发生变化。

3）量化：是将采样保持电路输出的模拟电压转化为最小数字量单位的整数倍。

4）编码：是指将量化后的数值通过编码用一个代码表示出来，代码就是 A-D 转换器输出的数字量。

3. 常用 A-D 转换方法

A-D 转换器是实现模拟量向数字量转换的器件，A-D 转换器按工作原理可分为双积分式A–D转换器、逐次逼近式A–D转换器、并行式A–D转换器和压频式数据转换器。按接口分可分为并行接口A–D转换器和串行接口A–D转换器。

本任务采用ADC0809逐次比较法，逐次逼近转换过程和用天平称物重非常相似。天平称重物时，用最重的砝码与被称物体进行比较，若物体重于砝码，则该砝码保留，否则移去。依次加上次重砝码，由物体的重量和砝码的重量比较结果决定砝码留下还是移去。照此一直加到最小一个砝码为止。将所有留下的砝码重量相加，就得此物体的重量。

逐次比较法的工作原理是将一个转换模拟信号与一个推测信号进行比较，判断推测信号与输入信号的大小，如果小于输入信号，则增大推测信号，当推测信号等于输入信号时，向转换器输入的值就是对应的模拟输入的值。逐次逼近式A–D转换器具体实现过程是，二进制计数器中的每位数据从高位依次置1。每接一位就测试一位，如果模拟信号小于推测信号，比较器输出0；否则输出1。如此直到最末位，比较完成。

4. A–D转换器性能指标

（1）分辨率（Resolution）

分辨率表示输出数字量变化一个码值所对应的模拟量的改变量，分辨率表示转换器对模拟输入量变化的分辨能力；分辨率与输入电压的满刻度值和模数转换器的位数有关，可表示满刻度电压与2^n的比值，其中n为转换器的位数。

（2）转换精度

A–D转换器的精度是指与数字输出量所对应的模拟输入量的实际值与理论值之间的差值。

（3）转换误差

转换误差表示A–D转换器实际输出的数字量和理论上输出的数字量之间的差值。

（4）转换时间

转换时间是指A–D转换器从接到转换启动信号开始，到输出端获得稳定的数字信号所经过的时间。

（5）温度系数

温度系数是指在输入不变的情况下，输出模拟电压随温度变化而变化的量。一般用满刻度的百分数表示温度每升高一度输出电压变化的值。

（6）偏移误差

偏移误差是指当输入信号为零时，输出信号对零的偏移值。

（7）满刻度误差

满刻度误差又称为增益误差，指满刻度数值对应的实际输入电压与理想输入电压之差。

（8）线性度

线性度是指转换器实际转换特性与理想直线的最大误差。

（9）转换速率

转换速率是指在单位时间内完成的转换次数。

5.1.2.2　A–D转换芯片ADC0809

ADC0809是一个8位8通道的逐次逼近式A–D转换器。ADC0809是带有8位A–D转换器、8路多路开关以及微处理器兼容的控制逻辑CMOS组件。可以分时接收8路模拟信号采集。

1. ADC0809 的内部逻辑结构

ADC0809 内部逻辑结构如图 5-1 所示，ADC0809 内部由一个 8 路模拟开关、一个地址锁存与译码器、一个 A-D 转换器和一个三态输出锁存器组成。ADC0809 采用+5 V 供电，参考电压设置为+5 V 时，模拟量输入的范围是 0~5 V。多路开关可选通 8 个模拟通道，允许 8 路模拟量分时输入，共用 A-D 转换器进行转换。三态输出锁器用于锁存 A-D 转换完的数字量，当 OE 端为高电平时，才可以从三态输出锁存器取走转换完的数据。

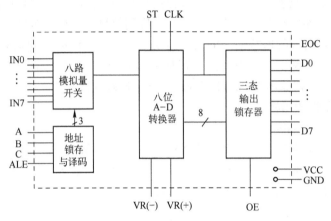

图 5-1　ADC0809 内部逻辑结构

2. ADC0809 引脚结构

本任务采用的 ADC0809 芯片封装形式为 DIP28，其引脚排列如图 5-2 所示。

ADC0809 各脚功能如下。

1) IN0~IN7：8 路模拟信号输入通道。

2) ADDA、ADDB、ADDC：8 路模拟开关的三位地址选择线，ADDA 为低地址线，ADDC 为高地址线。其地址状态与通道对应关系如表 5-1 所示。

3) ALE：地址锁存允许信号。当 ALE 信号由低变高时，地址锁存与译码器将 A、B、C 三条地址线的地址信号进行锁存，根据地址译码器选择对应的模拟通道。A、B 和 C 为地址输入线，用于选通 IN0~IN7 上的一路模拟量输入。

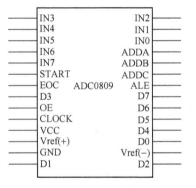

图 5-2　ADC0809 引脚结构图

表 5-1　通道选择表

选择的通道	IN0	IN1	IN2	IN3	IN4	IN5	IN6	IN7
ADDA	0	1	0	1	0	1	0	1
ADDB	0	0	1	1	0	0	1	1
ADDC	0	0	0	0	1	1	1	1

4) START：A-D 转换器转换启动信号。上升沿时，所有内部寄存器清零；下降沿时，开始进行 A-D 转换；在转换期间，ST 应保持低电平。EOC 为转换结束信号。当 EOC 为高

电平时，表明转换结束；否则，表明正在进行 A-D 转换。

5) D0~D7：8 位数据转换结果输出，为三态缓冲输出形式。

6) OE：输出允许信号，用于控制三条输出锁存器向单片机输出转换得到的数据。OE=1，输出转换得到的数据；OE=0，输出数据线呈高阻状态。

7) CLK：时钟信号。ADC0809 的内部没有时钟电路，所需时钟信号由外界提供，因此有时钟信号引脚。通常使用频率为 500 kHz。

8) EOC：转换结束状态信号。启动 A-D 转换器后系统自动置零，转换完成后置 1。

9) Vref(+)、Vref(-)：A-D 转换器参考电源。参考电压用来与输入的模拟信号进行比较，作为逐次逼近的基准，本次任务 Vref(+)=+5 V，Vref(-)=0 V。

当 ALE 信号电平为高时，模拟开关地址信号（ADD-A、ADD-B、ADD-C）存入地址锁存器，并选通对应的模拟通道（IN0~IN7）。ALE 信号电平变低，通道地址被锁存。在 A-D 启动信号 START 上加了一个正脉冲，启动转换，经过 64 个时钟脉冲转换完成。转换过程中，EOC 为低电平，转换结束时 EOC 变高电平。可以查询或用外部中断来检测转换结束。

3. ADC0809 应用说明

1) ADC0809 内部带有输出锁存器，数据端口直接与单片机相连。
2) ADC0809 初始化时，ST、OE 信号全为低电平。
3) 选择通道地址到 A、B、C 端口上。
4) ST 端输出一个大于 100 ns 脉宽的正脉冲信号。
5) 根据 EOC 信号来判断是否转换完毕。
6) 当 EOC 变为高电平时，将 OE 置为高电平，将转换的数据传送给单片机。

5.1.3 任务实施

5.1.3.1 硬件电路设计

由于仿真系统不能实时设置温度变化，本任务简易模拟温度报警器通过滑动电阻阻值变化表示外界变化模拟电压值，用数码管显示经过 A-D 转换后的数字电压值，学习相关知识后可知，ADC0809 有 8 个模拟输入通道，本任务的输入量从 0 通道输入，由表 5-1 可知，IN0 的通道地址为 000，因此 ADDA、ADDB 和 ADDC 三只引脚全部接地。具体设计电路如图 5-3 所示，同时根据电路图绘制仿真电路图。

本任务采用单片机的 P1.0~P1.3 口直接控制 ADC0809 的 CLK、START、EOC 和 OE 引脚，ADC0809 输出的数据线直接与单片机的 P3 口相连，VREF+和 VREF-连接+5 V 和 0 V，因为选择 IN0 渠道，所以 ADDA、ADDB、ADDC 都和 GND 相连接。显示部分通过 P0 口连接 4 位数码管段选位，P2 口连接公共端，进行动态扫描显示，报警部分用红、绿两个发光二极管显示。

5.1.3.2 软件程序设计

当 ALE 信号为高电平时，模拟开关的地址信号存入锁存器中，并选通对应的通道，本任务中选定的通道为 IN0。ALE 信号电平变低后，通道地址被锁存。在转换器启动信号 START 上加了一个正脉冲，启动转换，64 个时钟脉冲后完成转换。转换过程中，EOC 为低电平，转换完成后，EOC 为高电平。转换完成后，ENABLE 拉高电平，输出转换结果。首先通过定时器 0 工作在中断方式，给 ADC0809 一个时钟信号。其次把数据从 ADC0809 读出之后进行处理，分别送给各个数码管显示。接下来判断数据是否达到报警线，如果达到则选择相应的报警灯。

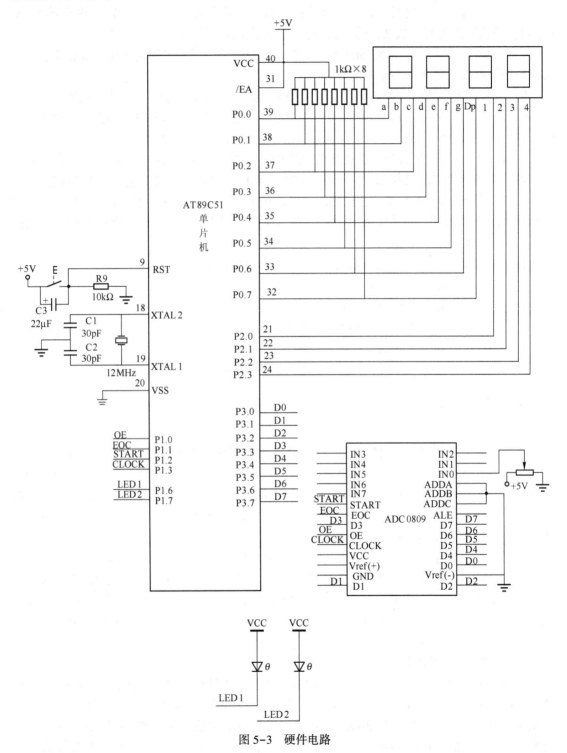

图 5-3 硬件电路

程序设计如下。

```c
//任务 5-1 程序:ex5-1.c
//名称:ADC0809 模数转换与显示
#include<reg51.h>
#define uchar unsigned char
#define uint unsigned int
//数码管段码定义
uchar code LEDData[] = {0x3F,0x06,0x5B,0x4F,0x66,0x6D,0x7D,0x07,0x7F,0x6F,0xb9};
//ADC0809 引脚定义
sbit OE = P1^0;
sbit EOC = P1^1;
sbit ST = P1^2;
sbit CLK = P1^3;
sbit led1 = P1^6;
sbit led2 = P1^7;
//延时子程序
void DelayMS(uint ms)
{
    uchar i;
    while(ms--) for(i = 0; i < 120; i++);
}
//显示转换结果
void Display_Result(uchar d)
{
    P2 = 0xF7;                    //第 4 个管显示 C
    P0 = LEDData[10];
    DelayMS(5);
    P2 = 0xFb;                    //第 3 个管显示个位数
    P0 = LEDData[ d % 10 ];
    DelayMS(5);
    P2 = 0xFd;                    //第 2 个管显示十位数
    P0 = LEDData[ d % 100 / 10 ];
    DelayMS(5);
    P2 = 0xFe;                    //第 1 个管显示百位数
    P0 = LEDData[ d / 100 ];
    DelayMS(5);
    if(d>100)
    {
        led1=0;
        led2=1;
    }
    else if(d<10)
```

```c
            {
                led1 = 1;
                led2 = 0;
            }
            else if((d >= 10) && (d <= 100))
            {
                led1 = 1;
                led2 = 1;
            }
    }
    //主程序
    void main()
    {
        TMOD = 0x02;
        TH0 = 0x14;
        TL0 = 0x00;
        IE = 0x82;
        TR0 = 1;
        while(1)
        {
            ST = 0;
            ST = 1;
            ST = 0;                     //启动转换
            while(EOC == 0);            //等待转换结束
            OE = 1;                     //允许输出
            Display_Result(P3);         //显示 A-D 转换结果
            OE = 0;                     //关闭输出
        }
    }
    //T0 定时器中断给 ADC0809 提供时钟信号
    void Timer0_INT() interrupt 1
    {
        CLK = !CLK;                     //ADC0809 时钟信号
    }
```

5.1.3.3 仿真结果

将 Keil C51 软件编译生成的十六进制文件加载到芯片中。单击"运行"按钮，启动系统仿真，仿真结果如图 5-4 所示。观察改变滑动变阻器的阻值时，数码管显示值的变化现象。

小提示：在程序中，尝试调试温度报警上下限的设计，通过改变程序中的哪几个参量可以达到改变报警的效果。

```
if(d>100)                //100 为报警上限
else if(d<10)            //10 为报警下限
```

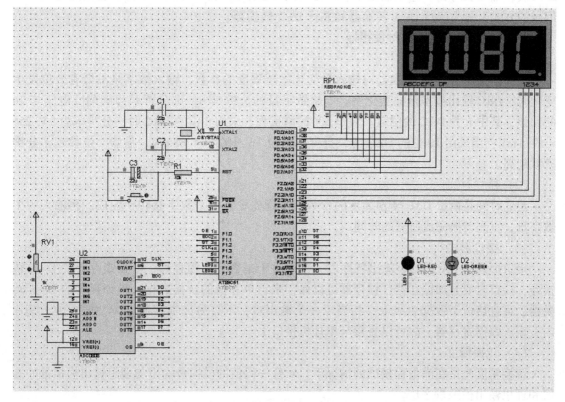

图 5-4 仿真电路图

5.2 任务 2 简易波形发生器设计与仿真

5.2.1 任务描述

通过设计实现简易信号发生器,通过单片机控制 DAC0832 进行数模转换,学习 D-A 转换技术在单片机系统中的应用。熟悉单片机控制数模转换的综合程序设计与调试方法。

5.2.2 相关知识

5.2.2.1 D-A 转换基本原理

1. D-A 转换原理

数模转换就是将离散的数字量转换为连接变化的模拟量。与数模转换相对应的就是模数转换,模数转换和数模转换是互逆过程。在单片机系统中,有些情况下需要把数字信号转换成模拟信号,此时需通过数模转换器,又称 D-A 转换器,简称 DAC。本次任务选用 DAC0832。

DAC0832 是一个 8 位 D-A 转换器，单电源供电，从+5～+15 V 范围均可正常工作。其基准电压的范围为±10 V；电流建立时间为 1 μs；CMOS 工艺、低功耗（仅为 20 mW）。目前 D-A 转换器主要分为：电压输出型、电流输出型及乘算型。一位 D-A 转换器按照输入数字信号的方式又分为串行 D-A 转换器和并行 D-A 转换器。

2. D-A 转换器的主要特性指标

（1）分辨率

分辨率是衡量 D-A 转换器对输入量变化敏感程度的参数，输入数字量最低有效位发生变化时，DAC 输出模拟量的变化量。如果数字量的位数是 n，则分辨率为满刻度电压与 2n 的比值，其中 n 为 DAC 的位数。对于 5 V 的满量程，采用 8 位的 DAC 时，分辨率为 5 V/256 = 19.5 mV；当采用 10 位的 DAC 时，分辨率则为 5 V/1024 = 4.88 mV。显然，位数越多分辨率就越高。

（2）建立时间

建立时间是衡量 DAC 转换速度的参数。是指先输入一个数字量转换完成，再输入一个数字量，直到转换完成所需的时间。

（3）接口形式

接口形式是 DAC 输入/输出特性之一，取决于是否带有锁存器。不带锁存器的 D-A 转换器，接口时要另加锁存器，锁存器可以保存来自单片机的转换数据；带锁存器的 D-A 转换器，可直接位于数据总线上，相当于一个输出口，不需另加锁存器。DAC0832 由于其片内有输入数据寄存器，故可以直接与单片机接口。

（4）转换精度

转换精度是指在满量程校准的情况下，对任一码值的模拟量输出与理想输出模拟量的差值和理想输出模拟量之比。

（5）线性度

线性度是指转换器的实际转换特性曲线和理想直线之间的最大偏移，可以直接反映出 D-A 转换器线性的好坏。

（6）满量程

满量程是输入数字量全为"1"时模拟量的输出。

5.2.2.2 D-A 转换芯片 DAC0832

1. DAC0832 引脚

DAC0832 芯片为 20 引脚双列直插式封装，其引脚排列如图 5-5 所示。具体引脚功能如表 5-2 所示。

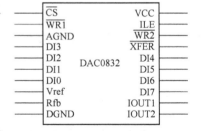

图 5-5 DAC0832 引脚图

表 5-2 引脚功能

引脚	功能
DI0～DI7（4～7，13～16）	8 位数据输入引脚，TTL 电平
ILE（19）	高电平有效，数据锁存允许控制信号输入引脚
$\overline{CS}$（1）	片选信号输入引脚（选通数据锁存器），低电平有效
$\overline{WR1}$（2）	数据锁存器写选通输入引脚，负脉冲（脉宽应大于 500 ns）有效

（续）

引　　脚	功　　能
$\overline{\text{XFER}}$（17）	数据传输控制信号输入线，低电平有效，负脉冲（脉宽应大于500 ns）有效
$\overline{\text{WR2}}$（18）	DAC寄存器选通输入线，负脉冲（脉宽应大于500 ns）有效
IOUT1（12）	电流输出端1，其值随DAC寄存器的内容线性变化
IOUT2（11）	电流输出端2，其值与IOUT1值之和为一常数
Rfb（9）	反馈信号输入线，改变Rfb端外接电阻值可调整转换满量程精度
VREF（8）	基准电压输入线，VREF的范围为−10~+10 V
VCC（20）	电源输入端，VCC的范围为+5~+15 V
AGND（3）	模拟信号地，模拟信号和基准电源参考地
DGND（10）	数字信号地，与模拟地在基准电源处共地

2. DAC0832内部结构

DAC0832是采样频率为八位的转换芯片，集成两级输入寄存器。由输入寄存器和DAC寄存器构成两级数据输入锁存。使用时数据输入可以采用两级锁存形式、一级锁存形式、另一级直通形式或两级直通形式。ILE、$\overline{\text{CS}}$和$\overline{\text{WR1}}$是8位输入寄存器的控制信号。当$\overline{\text{WR1}}$、$\overline{\text{CS}}$、ILE均有效时，可以将引脚的数据写入8位输入寄存器。$\overline{\text{WR2}}$和$\overline{\text{XFER}}$是8位DAC寄存器的控制信号。当两个信号均有效时，DAC寄存器工作在直通方式；当其中某个信号为高电平时，DAC寄存器工作在锁存方式。DAC0832内部结构如图5-6所示。

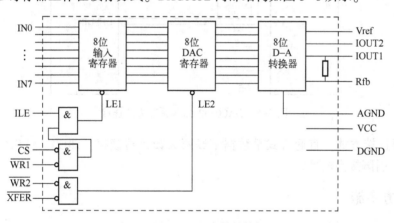

图5-6　DAC0832内部结构框图

3. 单片机与DAC0832接口

根据数据的输入过程，单片机与DAC0832有三种连接方式，单级缓冲器连接方式、双级缓冲器连接方式和直通连接方式。

1) 单级缓冲器连接方式：单级缓冲器连接方式是控制输入寄存器和DAC寄存器同时接收数据，或者只用输入寄存器而把DAC寄存器接成直通方式。此方式适用只有一路模拟量输出或几路模拟量异步输出，如图5-7所示。

2) 双级缓冲器连接方式：双级缓冲器连接方式是先使输入寄存器接收数据，再控制输入寄存器的输出数据到DAC寄存器，即分两次锁存输入数据。此方式适用于多个D-A转换同步输出的情节，如图5-8所示。

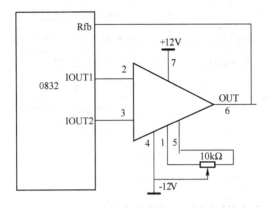

图5-7 DAC0832单缓冲方式接口（同时受控方式）

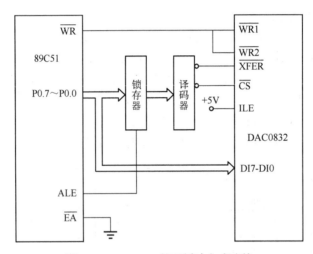

图5-8 DAC0832的双缓冲方式连接

3）直通连接方式：直通方式是数据不经两级锁存器锁存，即$\overline{CS}$、$\overline{XFER}$、$\overline{WR1}$、$\overline{WR2}$均接地，ILE引脚接高电平。

5.2.3 任务实施

5.2.3.1 硬件电路设计

本任务采用单缓冲连接方式实现单片机和DAC0832之间的连接方式，硬件电路设计采用运算放大器UA741，输出电压值Vout=0~5V。根据控制端选择进行波形输出，具体设计电路如图5-9所示，同时根据电路图绘制仿真电路图。

在电路中，单片机的P0口连接地址锁存器74LS373，用地址锁存器将地址信号和数据信号区分开。74LS373的锁存控制端与单片机的锁存控制信号相连，在锁存控制信号下降沿锁存低8位地址。DAC0832输出的数据线直接与单片机的P0口相连。P1.0和P1.1进行输入控制，通过这两个引脚上的高低电平，进行选择波形输出。

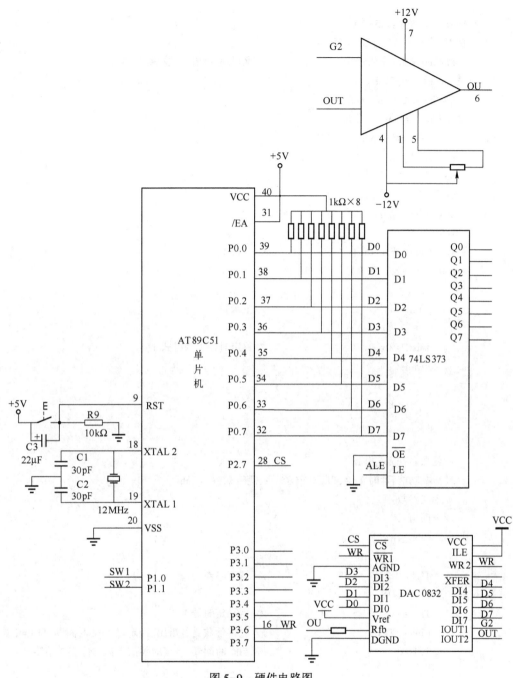

图 5-9 硬件电路图

5.2.3.2 软件程序设计

采用单片机控制 DAC0832 产生简易信号发生器的思路如下：输出 8 位值，值的范围为 0~255，根据两个端点进行控制，通过不同的端点打开关断，来发出不同的波形。首先根据 DAC0832 时序图进行信号分析，写出程序；其次根据 DAC0832 的输出写出数据，实现方波、三角波和锯齿波；最后根据键盘扫描程序判断波形输出。

程序设计如下。

```c
//任务5-2程序:ex5-2.c
//功能:简易信号发生器程序
#include<absacc.h>                    //绝对地址访问头文件
#include<reg51.h>
#define uchar unsigned char
#define uint unsigned int
#define DA0832 XBYTE[0x7fff]
sbit S1 = P1^0;
sbit S2 = P1^1;
void delay_1ms();                     //延时1ms程序
void delay(int n);
void juchi();
void fang(uchar AMP1, uchar THL, uchar TLL);
void san(uchar AMP2);
void scan();
void main(void)                       //主函数
{
    TMOD = 0x10;                      //置定时器1为方式1
    Vwhile(1)
    {
        scan();
    }
}
//函数名:delay_1ms
//函数功能:延时1ms,T1、工作方式1,定时初值64536
//形式参数:无
//返回值:无
void delay_1ms()
{
    TH1 = 0xfc;                       // 置定时器初值
    TL1 = 0x18;
    TR1 = 1;                          // 启动定时器1
    while(!TF1);                      // 查询计数是否溢出,即定时1ms时间到,TF1=1
    TF1 = 0;                          // 1ms时间到,将定时器溢出标志位TF1清零
}
void delay(int n)
{
    uint a;
    for(a=0;a<n;a--)
    delay_1ms();
}

void juchi()
```

```c
{   uchar i;
    for(i=0;i<=255;i++)                //形成三角波输出值,最大255
    {
        DA0832=i;                       //D-A转换输出
        delay_1ms();
    }
    for(i=255;i>=0;i--)                //形成三角波输出值,最大255
    {
        DA0832=i;                       //D-A转换输出
        delay_1ms();
    }
}
void fang(uchar AMP1, uchar THL, uchar TLL)
{
    DA0832 = 255 - AMP1;
    delay(THL);
    DA0832 = 255;
    delay(TLL);
}
void san(uchar AMP2)
{
    uchar a;
    for(a = 255 - AMP2 ;a < 255; a++)
    {
        DA0832 = a;
    }

    for(a-1 ;a > 255 - AMP2; a--)
    {
        DA0832 = a;
    }
}
void scan()
{
    if((S1==0) &&(S2==0))              //锯齿波
        san(200);
    if((S1==1) &&(S2==1))              //方波
        fang(200,10,10);
    if((S1==1) &&(S2==0))              //三角波
        juchi();
}
```

小提示：找到方波、三角波、锯齿波波形函数。

```
void juchi( );
void fang(uchar AMP1, uchar THL, uchar TLL);
void san(uchar AMP2);
```

小提示：改变判断条件输出波形。

```
if((S1==0) &&(S2==0))              //锯齿波
    san(200);
if((S1==1) &&(S2==1))              //方波
    fang(200,10,10);
if((S1==1) &&(S2==0))              //三角波
    juchi( );
```

5.2.3.3 仿真结果

将 Keil C51 软件编译生成的十六进制文件加载到芯片中，单击"运行"按钮，启动系统仿真。

首先将连接到 P1.0 引脚的按键切换至 0，P1.1 引脚的按键切换至 1，观测示波器显示波形为锯齿波。具体波形如图 5-10 所示。

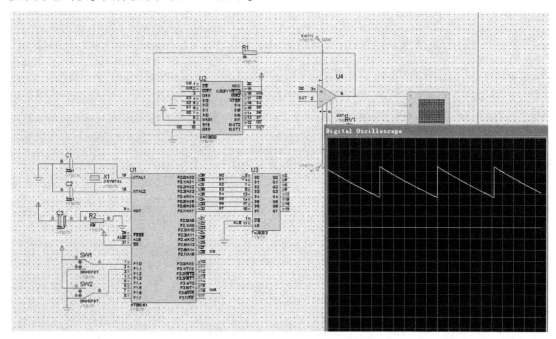

图 5-10　锯齿波仿真图

然后将连接到 P1.0 引脚的按键切换至 1，P1.1 引脚的按键切换至 1，观测示波器显示波形为方波。具体波形如图 5-11 所示。

最后将连接到 P1.0 和 P1.1 引脚的按键切换至 0，P1.1 引脚的按键切换至 0，观测示波器显示波形为三角波。具体波形如图 5-12 所示。

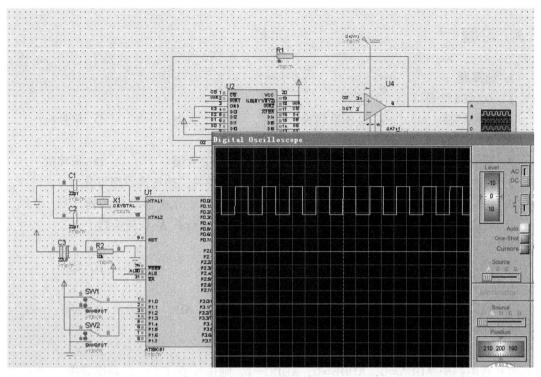

图 5-11 方波仿真图

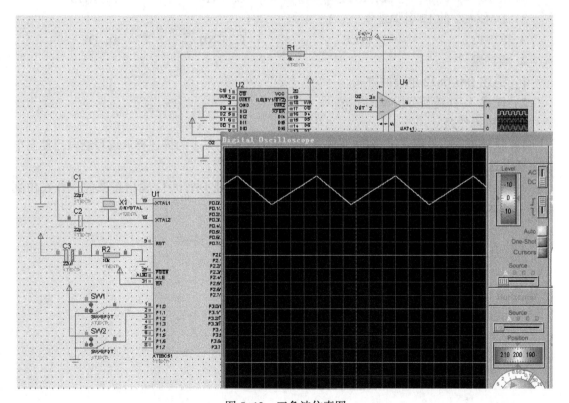

图 5-12 三角波仿真图

5.3 习题

1. 选择题

1) DAC0832 是（　　）芯片。
A. 数模转换　　　　B. 模数转换　　　　C. 放大器　　　　D. 单片机

2) ADC0809 是（　　）芯片。
A. 数模转换　　　　B. 模数转换　　　　C. 放大器　　　　D. 单片机

3) ADC0809 转换器是实现模拟量向数字量转换的器件，按转换原理可分为（　　）。
A. 串行式 A-D 转换器　　　　　　　　B. 双积分式 A-D 转换器
C. 逐次逼近式 A-D 转换器　　　　　　D. 并行式 A-D 转换器

4) DAC0832 是（　　）引脚封装的芯片。
A. 20　　　　　B. 16　　　　　C. 24　　　　　D. 40

5) 下列符号中，哪个是数字地（　　）。
A. VCC　　　　B. AGND　　　　C. DGND　　　　D. USS

6) DAC0832 是一个（　　）位 D-A 转换器。
A. 8　　　　　B. 16　　　　　C. 24　　　　　D. 32

7) 若电路中 ADDA=0，ADDB=0，ADDC=1，则选择了（　　）转换通道。
A. INT0　　　　B. INT1　　　　C. INT4　　　　D. INT3

8) DAC0832 的 12 引脚是（　　）。
A. IOUT2　　　B. VCC　　　　C. GND　　　　D. OE

2. 简述题

1) 简述 DAC0832 单缓冲方式。

2) 简述 A-D 转换分辨率的概念。

3. 上机操作题

1) 设计单片机控制 ADC0809 硬件电路，根据本章任务 1 的描述要求编写继电器控制电路，通过达到报警上下限，继电器完成导通断开任务。

2) 设计单片机控制 DAC0832 硬件电路，编写程序让 DAC0832 输出正弦波，并在仿真软件上演示运行。

项目 6　串口通信技术应用

本项目首先通过甲机串口控制乙机数码管显示系统设计与仿真任务，介绍串行通信和单片机串行接口硬件电路设计及软件编程；然后通过甲乙两机通信系统设计及仿真任务，介绍单片机通信分类及远程无线通信及应用系统的基本概念，让读者了解单片机单机及双机串行通信的基本知识及典型应用。

6.1　任务 1　甲机串口控制乙机数码管显示系统设计与仿真

6.1.1　任务描述

本任务要求单片机的甲机通过串行通信来控制乙机的数码管显示系统，其重点是熟悉串口通信原理及操作流程。

6.1.2　相关知识

6.1.2.1　串行通信介绍

随着单片机系统的广泛应用和计算机网络技术的普及，单片机的通信功能显得越来越重要。单片机通信是指单片机与计算机或者单片机与单片机之间的信息交换，通信主要有并行和串行两种方式，在单片机系统以及现代单片机测控系统中，信息交换多采用串行通信方式。

1. 并行通信方式

并行通信是将数据字节的各位用多条数据线同时进行传送，每一位数据都需要一条传送线，如图 6-1 所示，8 位数据总线的通信系统，一次传送 8 位数据，需要 8 条数据线。此外，还需要一条通信线和若干控制信号线，这种方式只适用于短距离的数据传输，比如老式的打印机就是通过并口方式与计算机连接，现在都用传输速度非常快的 USB 接口通信了。由于并口通信已经用得较少，在此不多做介绍。

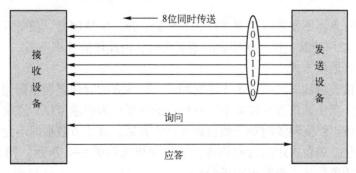

图 6-1　并行通信方式

2. 串行通信方式

串行通信是将数据字节分成一位一位的形式在一条传输线上逐个地传送，此时只需要一条数据线，外加一条公共信号地线和若干控制信号线。因为一次只能传送1位，所以对于1字节的数据，至少要分为8位才能传送完毕，如图6-2所示。

图 6-2 串行通信方式

串行通信的必要过程是：发送时，要把并行数据变成串行数据发送到线路上，接收时把串行信号再变成并行数据，这样才能被计算机及其他设备处理。串行通信传输线少，长距离传送时成本低，且可以利用电话网等现成的设备，但数据的传送控制比并行通信复杂。串行通信又可分为两种：异步串行通信和同步串行通信。

（1）异步串行通信方式

异步通信是指通信的发送与接收设备使用各自的时钟控制数据的发送和接收过程。为使双方的收发协调，要求发送和接收设备的时钟尽可能一致。

异步通信是以字符（构成的帧）为单位进行传输，字符与字符之间的间隙（时间间隔）是任意的，但每个字符中的各位是以固定的时间传送的，即字符之间不一定有"位间隔"的整数倍的关系，但同一字符内的各位之间的距离均为"位间隔"的整数倍，通信方式如图6-3所示。

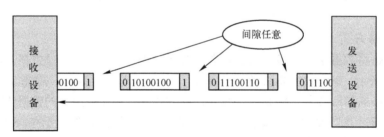

图 6-3 异步串行通信方式

异步通信的特点：不要求收发双方时钟的严格一致，实现容易，设备开销较小，但每个字符要附加2~3位用于起止位，各帧之间还有间隔，因此传输效率不高。

（2）同步串行通信方式

同步通信时接收端和发送端必须先建立同步，即双方的时钟要调整到同一个频率，才能进行数据的传输。同步通信方式以多个字符组成的数据位为传输单位，连续地传送数据，同步字符作为起始位以触发同步时钟开始发送或接收数据，多字节数据间不允许有空隙，也没有起始位和停止位，每位占用的时间相等，其数据格式如图6-4所示。同步通信对硬件要求较高，适合于需要传送大量数据的场合。

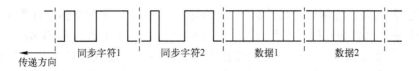

图 6-4 同步通信数据格式

3. 串行通信的制式

串行通信按照数据传送方向可分为三种制式，如图 6-5 所示。

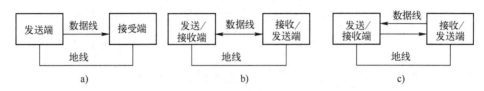

图 6-5 串行通信制式
a) 单工制式 b) 双工制式 c) 全双工制式

（1）单工制式

单工制式是指主机与从机通信时只能单向传送数据。这种制式的系统组成后，发送方和接收方都是固定的，即只允许数据从一个设备发送给另一个设备，即数据传送是单向的。

（2）半双工制式

半双工制式是指通信双方都可以传送和接收数据，但不能同时接收和发送，即发送时不能接收，接收时不能发送。

（3）全双工制式

全双工制式是指通信双方都可以接收和发送数据，且发送和接收也可以同时进行。

4. 串行通信错误校验

（1）奇偶校验

在发送数据时，数据位尾随的 1 位为奇偶校验位（1 或 0）。奇校验时，数据中 1 的个数与校验位 1 的个数之和应为奇数；偶校验时，数据中 1 的个数与校验位 1 的个数之和应为偶数。接收字符时，对 1 的个数进行校验，若发现不一致，则说明传输数据过程中出现差错。

（2）代数和校验

代数和校验时发送方将所发数据块求和（或各字节异或），产生 1 字节的校验字符（校验和）附加到数据块末尾。接收方接收数据的同时对数据块（校验字外）求和（或各字节异或），将所得的结果与发送方的"校验和"进行比较，相符则无差错，否则即认为传送过程出现了差错。

（3）循环冗余校验

这种校验时通过某种数学运算实现的有效信息与校验位之间的循环校验，常用于对磁盘信息的传输、存储区的完整性校验等。这种校验方法纠错能力强，广泛应用于同步通信中。

6.1.2.2 MCS-51 串行接口

1. 串行口的结构

MCS-51 单片机串行接口是一个可编程的全双工串行通信接口，具有 UART（通用异步收发器）的全部功能，能同时进行数据的发送和接收，也可作为同步移位寄存器使用。

MCS-51 单片机的串行接口主要由两个独立的串行数据缓冲寄存器 SUBF（一个发送缓冲寄存器，一个接收缓冲寄存器）和发送控制器、接收器、输入移位寄存器及若干控制门电路组成。串行接口基本结构如图 6-6 所示。

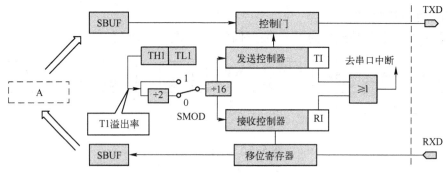

图 6-6　串行接口结构图

2. 串行口控制寄存器

MCS-51 有关串行通信的特殊功能寄存器有三个，即串行数据缓冲器（SBUF）、串行控制寄存器（SCON）、电源控制寄存器（PCON）。

（1）串行数据缓冲器

MCS-51 系列单片机串行中有两个串行数据缓冲器，一个用于发送数据即发送寄存器，另一个用于接收数据即接收寄存器，可以同时用来发送和接收数据。发送缓冲器只能写入不能读出，接收缓冲器只能读出不能写入。两个缓冲器使用同一符号 SBUF，共用一个地址 99H，根据读、写指令来确定访问其中哪一个。

发送数据时，执行一条将数据写入 SUBF 的传送指令。即可将要发送的数据按事先设置的方式和波特率从 TXD 端串行输出。一个数据发送完成后，串行口能向 CPU 提出中断请求，发送下一个数据。

接收数据时，当一帧数据从 RXD 端经过接收端口全部进入 SBUF 后，串行口发出中断请求，通知 CPU 接收这一数据。CPU 执行一条 SBUF 的指令，就能将接收的数据送至某个寄存器或存储单元。同时，接收端口接收下一帧数据。

（2）串行口控制寄存器

SCON 寄存器包括控制串行口的工作方式设置、发送第 9 位数据、接收第 9 位数据及串行口中断标志位。各位的定义如表 6-1 所示。

表 6-1　SCON 的结构、位名称

位序号	D7	D6	D5	D4	D3	D2	D1	D0
位符号	SM0	SM1	SM2	REN	TB8	RB8	TI	RI

1）SM0、SM1。串行口工作方式选择位，由软件设定。共有 4 种方式，如表 6-2 所示。

表 6-2　串行口的 4 种工作方式

SM0、SM1		工作方式	功　　能	波　特　率
0	0	0	8 位同步位移寄存器	$f_{osc}/12$
0	1	1	10 位 UART	由定时器 T1 控制
1	0	2	11 位 UART	$f_{osc}/64$ 或 $f_{osc}/32$
1	1	3	11 位 UART	定时器 T1 控制

注：UART（Universal Asynchronous Receiver/Transmitter）是通用异步接收/发送器的英文缩写，f_{osc} 是振荡器的频率。

2）SM2。多机通信控制位，由软件设定，用于方式 2 或方式 3 多机通信。在方式 2 和方式 3 中，若 SM2=1 且接收到的第 9 位数据 RB8=0，则不能置位 RI；只有收到 RB8=1，RI 才可置 1。即 SM2=1 用于多机通信中，只接收地址帧，不接收数据帧。在方式 0 时，SM2 一定要等于 0；在方式 1 时，SM2=1 且接收到有效停止位时，RI 才置 1。

3）REN。允许串行接收控制位，由软件进行置位，用于对串行数据的接收进行控制。REN=1 时，表示允许串行接收；REN=0 时，则禁止接收。

4）TB8。在方式 2 或方式 3 中要发送数据的第 9 位，作为要发送的第 9 位数据，可根据需要由软件置 1 或清 0。例如，可约定作为奇偶校验位，或在多机通信中作为区别地址帧或数据帧的标志位。

5）RB8。在方式 2 或方式 3 中要接收数据的第 9 位。在方式 0 中不使用 RB8。在方式 1 中，若 SM2=0，RB8 为接收到的停止位。在方式 2 或方式 3 中，RB8 为接收到的第 9 位数据a。

6）TI。发送中断标志。当为方式 0 时，发送完第 8 位数据后，该位由硬件置位。在其他方式下，遇到发送停止位时，该位由硬件置位。当 TI=1 时，表示帧发送结束，可由软件查询 TI 位标志，也可以请求中断。TI 位必须由软件清 0。

7）RI。接收发送中断标志。当方式 0 时，接收完第 8 位数据后，该位由硬件置位。在其他方式下，遇到发送停止位时，该位由硬件置位。当 RI=1 时，表示接收结束，可由软件查询 TI 位标志，也可以请求中断。RI 位必须由软件清 0。

(3) 电源控制寄存器

PCON 主要是为 CMOS 型单片机电源控制而设置的专用寄存器，其格式如表 6-3 所示。

表 6-3　PCON 寄存器

PCON	D7	D6	D5	D4	D3	D2	D1	D0
位名称	SMOD	—	—	—	GF1	GF0	PD	IDL

PCON 的最高位 SMOD 是串行口的波特率倍增位，当 SMOD=1 时，串行口方式 1、2、3 的波特率加倍；当 SMOD=0 时，原设定的波特率不变。低 4 位用于电源控制，与串行接口无关。

3. 串行口工作方式

MCS-51 串行通信共有 4 种工作方式，由串行控制寄存器 SCON 中的 SM0、SM1 决定，即方式 0、方式 1、方式 2 和方式 3。

(1) 方式 0

方式 0 时，串行口为同步移位寄存器的输入/输出方式。主要用于扩展并行输入或输出口。数据由 RXD(P3.0)引脚输入或输出，同步移位脉冲由 TXD(P3.1)引脚输出。发送和接收均为 8 位数据，低位在先，高位在后。波特率固定为 fosc/12。

(2) 方式 1

方式 1 是 10 位数据的异步通信口。TXD 为数据发送引脚，RXD 为数据接收引脚，传送一帧数据的格式如图 6-7 所示。其中 1 位起始位，8 位数据位，1 位停止位。

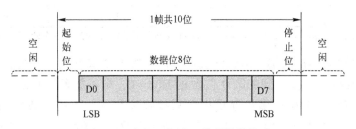

图 6-7　串行口方式 1 传送数据格式

(3) 方式 2 和方式 3

方式 2 或方式 3 时为 11 位数据的异步通信口。TXD 为数据发送引脚，RXD 为数据接收引脚。方式 2 和方式 3 时起始位 1 位，数据 9 位（含 1 位附加的第 9 位，发送时为 SCON 中的 TB8，接收时为 RB8），停止位 1 位，一帧数据为 11 位。方式 2 的波特率固定为晶振频率的 1/64 或 1/32，方式 3 的波特率由定时器 T1 的溢出率决定。

4. 波特率的计算

在串行通信中，收发双方对发送或接收数据的速率要有约定。通过软件可对单片机串行口编程为 4 种工作方式，其中方式 0 和方式 2 的波特率是固定的，而方式 1 和方式 3 的波特率是可变的，由定时器 T1 的溢出率来决定。

串行口的 4 种工作方式对应三种波特率。由于输入的移位时钟的来源不同，所以，各种方式的波特率计算公式也不相同。

方式 0：波特率 = fosc/12

方式 2：波特率 = (2SMOD/64)×fosc

方式 1：波特率 = (2SMOD/32)×(T1 溢出率)

方式 3：波特率 = (2SMOD/32)×(T1 溢出率)

6.1.3　任务实施

6.1.3.1　硬件电路设计

甲机串口控制乙机数码管显示系统硬件电路如图 6-8 所示。

6.1.3.2　软件程序设计

由于 MCS-51 单片机本身的 I/O 端口驱动电流较小，在本设计中采用 74HC245 作为数码管的驱动器，该芯片是单片机中常用的驱动器，是三态输出八路收发器，能够有效增强单片机的 I/O 端口驱动能力。

在本设计中，甲机实时检测该机上的按键状态，并记录按下的次数，将记录的次数通过串口发送到乙机，乙机接收到该数据后显示在乙机的数码管上。显示数据默认为 0，按键次数记录从 1 到 15，对应显示为 1 到 F，当按第 16 次时重新显示 0，以此类推。

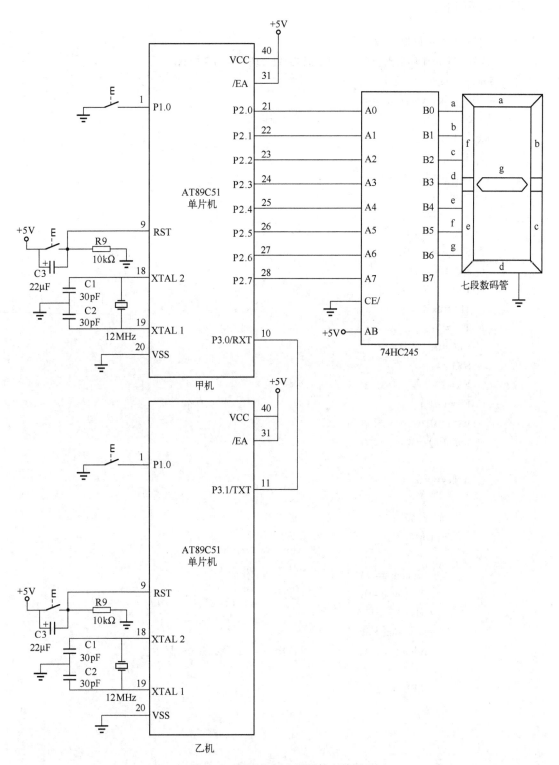

图 6-8 甲机控制乙机硬件电路图

设计程序如下。

```c
//任务6-1甲机程序:601.c
//功能:采用循环全亮、全灭、左移、右移函数实现彩灯闪烁控制
#include<reg52.h>
#define uchar unsigned char
sbit key=P1^0;                    //独立按键的位定义
sbit LED=P1^3;
void delay(uchar a);
void send(uchar key_num);
void main()
{
    uchar num=0;
    SCON = 0x40;
    TMOD=0X20;
    TH1=0xfd;
    TL1=0xfd;
    TR1=1;
    SM0=0;
    SM1=1;
    EA=1;
    ES=1;
    LED=0;
    while(1)
    {
        if(key==0)
        {
            delay(80);            //按键消抖
            if(key==0)            //重新检测
            {
                if(num==15)
                    num=0;
                else
                    num++;
                while(!key);      //等待松手,松手后才能送去显示
                send(num);
                LED = ~LED;
            }
        }
    }
}
void delay(uchar a)
```

```c
    {
        uchar y,z;
        for(y=a;y>0;y--)
            for(z=150;z>0;z--);
    }
    void send(uchar key_num)
    {
        SBUF=key_num;
        while(!TI);
        TI=0;
    }
//任务6-1 乙机程序:602.c
//功能:接收甲机发送过来的数据并显示在数码管上
#include<reg52.h>
#define uchar unsigned char
uchar code duan[] = {0x3F,0x06,0x5b,0x4f,0x66,0x6d,0x7d,0x07,0x7f,0x6f,
                     0x77,0x7C,0x39,0x5E,0x79,0x71};      //此数组为0~9
uchar num;
void display(uchar);
void delay(uchar a);
void main()
{
    SCON = 0x40;
    TMOD = 0X20;
    TH1 = 0xfd;
    TL1 = 0xfd;
    TR1 = 1;
    REN = 1;
    SM0 = 0;
    SM1 = 1;
    EA = 1;
    ES = 1;
    display(0);
    while(1);                   //等待中断,显示数据
}
void display(uchar x)
{
    P2 = duan[x];
    delay(1);                   //在1位数码管上显示
}
void delay(uchar a)
{
    uchar y,z;
```

```
        for(y=a;y>0;y--)
          for(z=150;z>0;z--);
   }
   void ser( ) interrupt 4
   {
        uchar m;
        RI=0;
        m=SBUF;
        display(m);
   }
```

6.1.3.3 仿真结果

仿真结果如图 6-9 所示。按动甲机上的按键,观察乙机上数码管显示的状态变化。

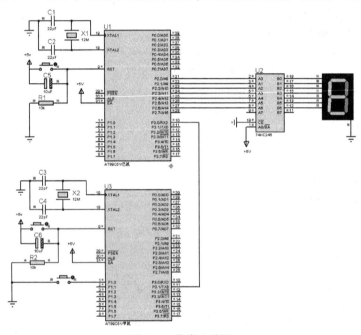

图 6-9 仿真电路图

6.2 任务 2 甲乙两机通信系统设计及仿真

6.2.1 任务描述

本任务要求利用单片机的串口通信原理实现甲乙两机的相互控制,重点掌握甲乙两机相互控制方式及不同通信方式的区别。

6.2.2 相关知识

6.2.2.1 单片机通信分类

单片机的双机通信有短距离和长距离之分,1 m 之内的通常称为短距离,1000 m 左右的通常称为长距离。若要更长距离通信，就需要借助其他无线设备方可实现。通常单片机通信还可以有以下 4 种分类方法：TTL 电平通信（双机串行口直接互连）、RS-232C 通信、RS-422A 通信、RS-485 通信，不同的传输方式有各自的特点。

1. TTL 电平通信

TTL 电平通信时，直接将单片机 A 的 TXD 端接单片机 B 的 RXD 端，单片机 A 的 RXD 端接单片机 B 的 TXD 端。需要强调的是，两个单片机系统必须要共地，即把它们的系统电源地线连接在一起，这是很多初学者经常犯错的地方。初学者通常认为，我们已经将发送数据线和接收数据线都连接好了，为什么接收不到数据呢？大家要注意，数据在传输时必须要有一个回路，进一步讲，单片机 A 的高电平相对于系统 A 有一个固定的电压值，单片机 B 的高电平相对于系统 B 有一个固定电压值，但若两个系统不共地，单片机 A 的高电平相对于系统 B 的地来说就不知道是什么电压值了。同样单片机 B 的高电平相对于系统 A 的地来说也不知道是什么电压值，只有共地的情况下，它们的高低电平才能统一地被系统识别，TTL 电平通信接口电路如图 6-10 所示。

单片机的 TTL 电平双机通信多用在同一个系统中。当一个系统中使用一个单片机资源不够时，可以再加一个或几个单片机，两两单片机之间可以构成双机通信。当一个单片机连接两个或两个以上单片机时，可以采用一机对多机通信。通常一个系统中单片机之间的距离都不会太远，设计系统时，尽量使单片机之间的通信距离缩短，距离越短通信越可靠，若数据线过长，很有可能受外界的干扰而在通信过程中造成数据错误。

2. RS-232C 通信

RS-232C 是美国电子工业协会（EIA）1969 年制定的通信标准。RS-232C 定义了数据终端设备（DTE）与数据通信设备（DCE）之间的物理接口标准。RS-232C 标准接头如图 6-11 所示。

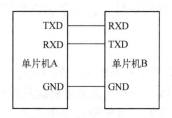

图 6-10　TTL 电平通信接口电路

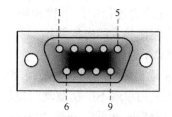

图 6-11　RS-232C 标准接口

RS-232C 标准接口主要引脚定义如表 6-4 所示。

表 6-4　RS-232C 标准接口主要引脚定义

引脚号	信号名称	功能	信号方向
1	DCD	载波检测	DCE ⟶ DTE
2	RXD	接收数据（串行输入）	DCE ⟶ DTE
3	TXD	发送数据（串行输出）	DTE ⟶ DCE
4	DTR	DTE 就绪（数据终端准备就绪）	DTE ⟶ DCE
5	GND	信号地线	—

(续)

插针序号	信号名称	功能	信号方向
6	DSR	DCE 就绪（数据建立就绪）	DCE ⟶ DTE
7	RTS	请求发送	DTE ⟶ DCE
8	CTS	允许发送	DCE ⟶ DTE
9	RI	振铃指示	DCE ⟶ DTE

标准的 RS-232C 最初用于计算机远程通信时的调制解调器上，即通常所说的"猫"。当使用"猫"时，表 6-4 中 9 条信号线都要用到。但用 RS-232C 标准进行两个单片机之间通信时，只需要用到表中的三条线：RXD、TXD 和 GND。RS-232C 双机通信接口电路如图 6-12 所示。

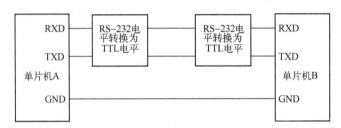

图 6-12　RS-232C 双机通信接口电路

RS-232C 电平传输数据时，相比 TTL 电平距离要远，RS-232C 总线标准受电容允许值的约束，使用时传输距离一般不要超过 15 m。其最高传送速率为 20 kbit/s。RS-232C 总线标准要求收、发双方必须共地。通信距离较大时，由于收、发双方的地电位差较大，在信号地上将有比较大的电流并产生压降，这样会形成电平偏移。RS-232C 在电平转换时采用单端输入/输出，在传输过程中，干扰和噪声会混在正常的信号中，为了提高信噪比，RS-232 总线标准要采用比较大的电压摆幅。

3. RS-422A 通信

RS-422A 输出驱动器为双端平衡驱动器。如果其中一条线为逻辑 1 态，另一条线就为逻辑 0 态，比采用单端不平衡驱动对电压的放大倍数大一倍。差分电路能从地线干扰中拾取有效信号，差分接收器可以分辨 200 mV 以上的电位差。若传输过程中混入了干扰和噪声，由于差分放大器的作用，可使干扰和噪声相互抵消，因此可以避免或大大减弱地线干扰和电磁干扰的影响。RS-422A 传输速率为 90 kbit/s 时，传输距离可达 1200 m。RS-422A 双机通信接口电路如图 6-13 所示。

4. RS-485 通信

RS-485 通信是 RS-422A 的变形。RS-422A 用于全双工，而 RS-485 用于半双工。RS-485 是一种多发送器标准，在通信线路上最多可以使用 32 对差分驱动器/接收器。如果在一个网络中连接的设备超过 32 个，还可以使用中继器。

RS-485 的信号传输采用两线间的电压来表示逻辑 1 和逻辑 0。由于发送方需要两条传输线，接收方也需要两条传输线。传输线采用差动信道，所以它的抗干扰一致性极好，又因为它的阻抗低，无接地问题，传输速率可达 1 Mbit/s。RS-485 双机通信接口电路如图 6-14 所示。

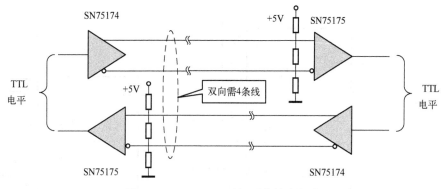

图 6-13 RS-422A 双机通信接口电路

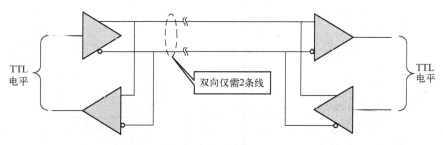

图 6-14 RS-485 双机通信接口电路

6.2.2.2 远程无线通信

当通信距离超过数百上千米时，最好借助无线设备，当然如果距离较近，布线又不方便时，也可以使用近距离无线设备。近距离无线设备有无线数据传输模块、数据传输电台等，这些设备的传输距离有限，通常与设备的发射功率相关，发射功率越大，传输距离越远，但不会超过几千米。通常来说，小功率的无线数据传输模块只能传播数十到一二百米，稍大功率的也就能传播几百米到几千米，这类设备价格低，预留接口通常为 TTL 电平、RS-232C 或 RS-485 接口，与单片机系统连接非常简单，编写程序也很容易，只需要一次性投入，便可永久使用。

如要使用先进的远距离无线通信，可以借用当前中国移动或中国联通的 GPRS 或 4G 通信网络来完成数据的远程通信。这类通信方式不是一次性投入，因为只要用户有数据要传输，就要向移动公司缴纳通信费用，这类产品适合于技术较高端、利润较高的产品，如现在使用的无线便携式刷卡机、无线便携式话费缴费机、联通或移动基站太阳能电站控制机等，当然目前也有很多用于工业控制方面的远程数据通信设备。

6.2.3 任务实施

6.2.3.1 硬件电路设计

单片机甲机和乙机相互通信及显示硬件电路如图 6-15 所示。

6.2.3.2 软件程序设计

该程序分别下载到甲机和乙机中，即可实现甲机中的按键控制乙机中的数码管的数字显示状态。

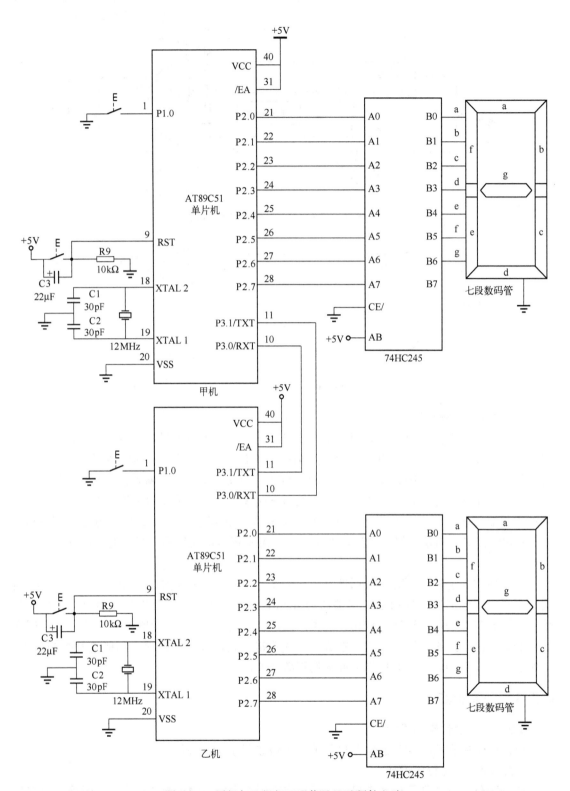

图 6-15 甲机与乙机相互通信及显示硬件电路

程序设计如下。

```c
//任务6-2 甲机和乙机相互控制程序:611/612.c
//功能:实现按键检测发送按键次数到对方,并显示在数码管上
#include<reg52.h>
#define uchar unsigned char
sbit key=P1^0;                  //独立按键的位定义
uchar code duan[]={0x3F,0x06,0x5b,0x4f,0x66,0x6d,0x7d,0x07,0x7f,0x6f,
                   0x77,0x7C,0x39,0x5E,0x79,0x71};    //此数组为0~F
uchar num;
void delay(uchar a);
void send(uchar key_num);
void display(uchar);
void main()
{
    uchar num=0;
    SCON = 0x40;
    TMOD = 0x20;
    TH1 = 0xfd;
    TL1 = 0xfd;
    TR1 = 1;
    REN = 1;
    SM0 = 0;
    SM1 = 1;
    EA = 1;
    ES = 1;
    display(0);
    while(1)
    {
    if(key==0)
    {
        delay(80);              //按键消抖
        if(key==0)              //重新检测
        {
            if(num==15)
                num=0;
            else
                num++;
            while(!key);        //等待松手,松手后才能送去显示
            send(num);
        }
    }
    }
}
void delay(uchar a)
```

```
{
    uchar y,z;
    for(y=a;y>0;y--)
        for(z=150;z>0;z--);
}
void send(uchar key_num)
{
    SBUF=key_num;
    while(!TI);
    TI=0;
}
void ser() interrupt 4
{
    uchar m;
    RI=0;
    m=SBUF;
    display(m);
}
void display(uchar x)
{
    P2=duan[x];
    delay(1);            //在1位数码管上显示
}
```

6.2.3.3 仿真结果

仿真结果如图6-16所示。分别按动各自的按键，观察各自数码管的变化情况。

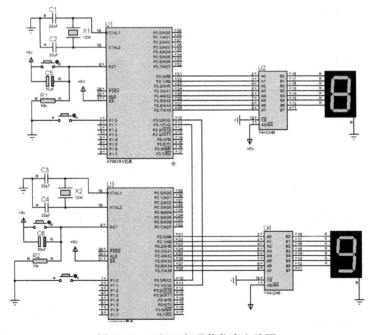

图6-16 双机互相通信仿真电路图

6.3 习题

1. 填空题

1) 单片机通信主要有_____和_____两种方式，多采用_____通信方式。
2) 串行通信又可分为两种：_____通信和_____通信。
3) 串行通信按照数据传送方向可分为三种制式，分别为_____、_____、_____。
4) 串行通信错误校验主要有_____、_____、_____。
5) MCS-51 单片机串行接口是一个可编程的_____通信接口，具有 UART（通过异步收发器）的全部功能，能同时进行数据的_____，也可作为_____使用。
6) MCS-51 有关串行通信的特殊功能寄存器有三个，即_____、_____、_____。
7) TTL 电平通信时，直接将单品 A 的_____端接单片机 B 的_____端。
8) MCS-51 串行通信共有 4 种工作方式，由串行控制寄存器 SCON 中的_____和_____决定。
9) PCON 的最高位 SMOD 是串行口的_____。
10) 方式 1 的波特率计算方法为_____。

2. 选择题

1) 串行口控制寄存器 SCON 中（　　）是串行接收允许控制位。
A. SM1　　　　B. REN　　　　C. TB8　　　　D. RB8
2) MCS-51 串行通信工作方式 1 是（　　）位数据的异步通信口。
A. 8　　　　　B. 9　　　　　C. 10　　　　　D. 11
3) 单片机和 PC 机接口时，往往要采用 RS0232C 接口芯片，主要作用是（　　）。
A. 提高传输距离　　　　　　　　B. 提高传输速率
C. 进行电平转换　　　　　　　　D. 提高驱动能力
4) 单片机的输出信号为（　　）电平。
A. RS-232C　　B. TTL　　　　C. RS-422　　　D. RS-485
5) 串行口的发送数据和接收数据端为（　　）。
A. TXD 和 RXD　B. TI 和 RI　　C. TB8 和 RB8　D. REN

3. 上机题

1) 利用 RS-232C 通信方式实现甲乙两机的通信，编写程序并进行仿真。
2) 设计单片机与 PC 通信电路，并编写程序实现由 PC 端控制数码管的数字显示状态。

项目7 单片机应用系统设计

通过前面各项目的学习，我们已经掌握了单片机的软件使用、硬件结构、工作原理及软件程序设计方法、显示和按键接口技术、串行通信接口技术、模拟量转换等，在具备上述单片机基本实践能力的基础上，将一起进入系统设计实践阶段，进行单片机应用系统设计。本项目首先通过步进电机的设计与制作，将单片机、按键、发光二极管显示及步进电机等知识系统化，让读者了解单片机控制步进电机典型应用，然后通过电子日历设计及仿真，提升读者较复杂程序流程图设计及编程能力。

7.1 任务1 步进电机控制系统设计及仿真

7.1.1 任务描述

本任务要求采用单片机作为控制芯片，制作一个步进电机控制器，要求：开始通电时，步进电机停止转动；系统中设计按键开关 K1、K2 和 K3，分别控制步进电机的正转、反转和停止；能够通过相应颜色的指示灯来指示步进电机运行状态。

7.1.2 相关知识

步进电动机以其显著的特点，在数字化制造时代发挥着重大的用途。伴随着不同数字化技术的发展以及步进电机本身技术的提高，步进电机将会在更多的领域得到应用。

7.1.2.1 步进电机介绍

步进电机是将电脉冲信号转变为角位移或线位移的开环控制元件。在非超载的情况下，电机的转速、停止的位置只取决于脉冲信号的频率和脉冲数，而不受负载变化的影响，即给电机加一个脉冲信号，电机则转过一个步距角。这一线性关系的存在，加上步进电机只有周期性的误差而无累积误差等特点。使得在速度、位置等控制领域用步进电机来控制变得非常简单。

正常情况下，步进电机转过的总角度和输入的脉冲数成正比；连续输入一定频率的脉冲时，电动机的转速与输入脉冲的频率保持严格的对应关系，不受电压波动和负载变化的影响。由于步进电动机能直接接收数字量的输入，所以特别适合于微机控制。

1. 步进电机的静态指标术语

（1）相数

相数是指产生不同对 N、S 磁场的激磁线圈对数，常用 m 表示。

（2）拍数

完成一个磁场周期性变化所需脉冲数或导电状态用 n 表示，或指电机转过一个齿距角所需脉冲数，以四相电机为例，有四相四拍运行方式即 AB-BC-CD-DA-AB，四相八拍运行方式即 A-AB-B-BC-C-CD-D-DA-A。

（3）步距角

对应一个脉冲信号，电机转子转过的角位移用 θ 表示。θ = 360°（转子齿数×运行拍数),以常规四相,转子齿为50齿电机为例。四拍运行时步距角为 θ=360°/(50×4)=1.8°(俗称整步),八拍运行时步距角为 θ=360°/(50×8)=0.9°(俗称半步)。

2. 步进电机动态指标及术语

(1) 步距角精度

步距角精度是步进电机每转过一个步距角的实际值与理论值的误差。用百分比表示:误差/步距角×100%。不同运行拍数其值不同,四拍运行时应在5%之内,八拍运行时应在15%以内。

(2) 失步

电机运转时运转的步数不等于理论上的步数,称之为失步。

(3) 失调角

转子齿轴线偏移定子齿轴线的角度称为失调角,电机运转必存在失调角,由失调角产生的误差,采用细分驱动是不能解决的。

(4) 电机正反转控制

当电机绕组通电时序为 A-AB-B-BC-C-CD-D-DA 时,为正转;通电时序为 DA-D-CD-C-BC-B-AB-A 时,为反转。

3. 步进电机的特点

一般步进电机的精度为步进角的3%～5%,且不积累。一般来讲,磁性材料的退磁点都在130℃以上,有的甚至高达200℃以上,所以步进电机外表温度在80～90℃完全正常。步进电机的力矩会随转速的升高而下降。

当步进电机转动时,电机各相绕组的电感将形成一个反向电动势;频率越高,反向电动势越大。在它的作用下,电机相电流随频率(或速度)的增大而减少,从而导致力矩下降。

步进电机低速时可以正常转动,但若高于一定速度就无法启动,并伴有声音。步进电机有一个技术参数:空载启动频率,即步进电机在空载情况下能够正常启动的脉冲频率,如果脉冲频率高于该值,电机不能正常启动,可能发生丢步或堵转。在有负载的情况下,启动频率应更低。如果要使电机达到高速转动,脉冲频率应该有加速过程,即启动频率较低,然后按一定加速度升到所希望的高频(电机转速从低速升到高速)。

7.1.2.2 步进电机工作原理

步进电机的工作就是步进转动,其功能是将脉冲电信号变换为相应的角位移或是直线位移,就是给一个脉冲信号,电动机转动一个角度或是前进一步。步进电机的角位移量与脉冲数成正比,它的转速与脉冲频率成正比,在非超载的情况下,电机的转速、停止的位置只取决于脉冲信号的频率和脉冲数,而不受负载变化的影响,即给电机加一个脉冲信号,电机则转过一个步距角。

如图7-1所示的步进电机是一个四相步进电机,采用单极性直流电源供电。只

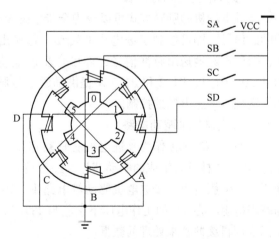

图7-1 四相步进电机步进示意图

要对步进电机的各相绕组按合适的时序通电,就能使步进电机步进转动。

开始时,开关 SB 接通电源,SA、SC、SD 断开,B 相磁极和转子 0、3 号齿对齐,同时,转子的 1、4 号齿就和 C、D 相绕组磁极产生错齿,2、5 号齿就和 D、A 相绕组磁极产生错齿。

当开关 SC 接通电源,SB、SA、SD 断开时,由于 C 相绕组的磁力线和 1、4 号齿之间磁力线的作用,转子进行转动,1、4 号齿和 C 相绕组的磁极对齐。而 0、3 号齿和 A、B 相绕组产生错齿,2、5 号齿就和 A、D 相绕组磁极产生错齿。依次类推,A、B、C、D 四相绕组轮流供电,则转子会沿着 A、B、C、D 方向转动。

单四拍、双四拍与八拍工作方式的电源通电时序与波形分别如图 7-2 所示。

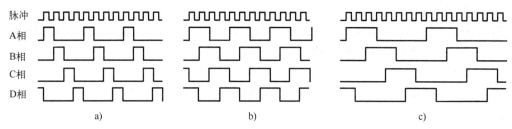

图 7-2 步进电机工作时序波形图
a) 单四拍 b) 双四拍 c) 八拍

7.1.3 任务实施

7.1.3.1 硬件电路设计

步进电机系统硬件电路如图 2-5 所示。步进电机选用了永磁型步进电机 M35SP-7NP,驱动芯片选用 ULN2003A。正转、反转和停止的显示是通过 P0.0~P0.2 口的三个彩灯实现的。

1. 四相五线永磁型步进电机 M35SP-7NP

M35SP-7NP 是四相五线永磁型步进电机,其转矩和体积较小,步进角为 7.5°。电机共有四组线圈,四组线圈的一个端点连在一起引出,一根为电源引出线,这样一共有 5 根引出线。

2. 步进电机的励磁控制

步进电动机的励磁方式可以分为全步励磁及半步励磁。适当控制步进电机 A、B、C、D 的励磁信号,即可控制步进电机的转动。每输出一个脉冲信号,步进电动机只走一步。因此,依序不断地送出脉冲信号,即可令步进电动机连续转动。在本设计中,通过 AT89C51 的 P1.0、P1.1、P1.2 和 P1.3 来提供励磁信号脉冲,采用四项八拍运行,即半步励磁的方式,实现对步进电机的控制。

3. 步进电机的驱动电路

采用 ULN2003A 作为步进电机的驱动芯片,ULN2003A 是高耐压、大电流、内部是由 7 个硅 NPN 达林顿管组成的驱动芯片。经常用在显示驱动、继电器驱动、照明灯驱动、电磁阀驱动、伺服电机、步进电机驱动等电路中。ULN2003 的每一对达林顿都串联一个 2.7 kΩ 的基极电阻,在 5 V 的工作电压下它能与 TTL 和 CMOS 电路直接相连,可以直接处理原先需要标准逻辑缓冲器来处理的数据。

通过单片机的 P1.0-P1.3 输出脉冲到 ULN2003A 的 1B-4B 口,经信号放大后从 1C-4C

口分别输出到电机的 A、B、C、D 相，这样通过单片机的 I/O 端口输出的脉冲信号经过 ULN2003A 放大后，连接到步进电机 A、B、C、D 四相，可直接驱动步进电机，实现对步进电机的控制。

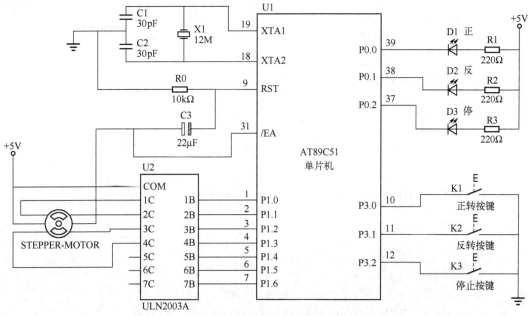

图 7-3 步进电机控制系统电路图

7.1.3.2 软件程序设计

在主函数中，主循环不停地执行按键扫描并调用相应的步进电机运转程序，单片机检测到有按键按下，判断该值，并执行相应的操作，如果是正转按键按下，则置位正转标志位，并调用正转程序代码，向单片机 I/O 端口输出控制脉冲，控制步进电机的正转。同理，当有反正或是停止按键按下时，单片机控制相应的标志位并调用相应的程序，使单片机的 I/O 端口输出相应的控制脉冲，从而控制步进电机的运转。

整体程序设计如下。

```
#include <reg51.h>
#define uint unsigned int
#define uchar unsigned char
uchar code FFW[ ]={0x01,0x03,0x02,0x06,0x04,0x0c,0x08,0x09};//正转脉冲数据
uchar code REV[ ]={0x09,0x08,0x0c,0x04,0x06,0x02,0x03,0x01};//反转脉冲数据
sbit K1 = P3^0;//正转
sbit K2 = P3^1;//反转
sbit K3 = P3^2;//停止
void DelayMS(uint ms)                //延时函数
{
    uchar i;
    while(ms--)
    {
        for(i=0;i<120;i++);
```

```c
    }
}
void SETP_MOTOR_FFW(uchar n)              //正转函数
{
    uchar i,j;
    for(i=0;i<5*n;i++)
    {
        if(K3 == 0)break;
        for(j=0;j<8;j++)
        {
            P1 = FFW[j];                  //正转
            DelayMS(25);
        }
    }
}
void SETP_MOTOR_REV(uchar n)              //反转函数
{   uchar i,j;
    for(i=0;i<5*n;i++)
    {
        if(K3 == 0)break;
        for(j=0;j<8;j++)
        {   P1 = REV[j];                  //反转
            DelayMS(25);
        }
    }
}
void main()
{   uchar n = 200;                        //转动圈数控制
    while(1)
    {
        if(K1==0&&K2==1&&K3==1)           //K1 有效,正转
        {
            P0 = 0xfe;                    //正转指示灯亮
            SETP_MOTOR_FFW(n);
            if(K3 == 0) break;
        }
        else if(K1==1&&K2==0&&K3==1)      //K2 有效,反转
        {
            P0 = 0xfd;                    //反转指示灯亮
            SETP_MOTOR_REV(n);
            if(K3 == 0) break;            //K3 有效,停止
        }
        else
        {
            P0 = 0xfb;                    //停止指示灯亮
            P1 = 0x03;                    //K3 有效,停止
        }
    }
}
```

7.1.3.3 仿真结果

仿真结果如图 7-4 所示。观察到正转开关有效时,正转彩灯点亮,电机正转。

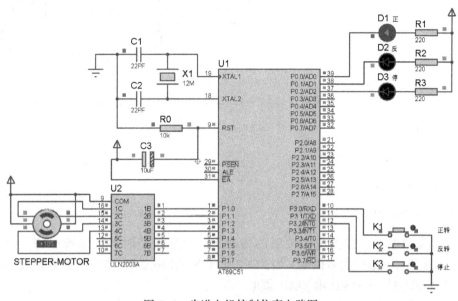

图 7-4 步进电机控制仿真电路图

7.2 任务 2 电子日历设计及仿真

电子日历是一种利用数字电路来显示年、月、日、星期、时、分、秒的计时器,广泛应用于家庭、车站、剧院、商场及办公场所。

7.2.1 任务描述

本工作任务是采用单片机来设计一个简易的电子日历,使用 DS1302 芯片作为电子日历的时钟芯片,使用 12864LCD 作为电子日历的液晶显示屏,同时用中文和数字显示当前的日期、星期以及时间信息。

7.2.2 相关知识

7.2.2.1 实时时钟芯片 DS1302

1. DS1302 简介

DS1302 是美国 DALLAS 公司推出的一种高性能、低功耗的实时时钟芯片,附加 31B 静态 RAM,采用 SPI 三线接口与 CPU 进行同步通信,并可采用突发方式一次传送多字节的时钟信号和 RAM 数据。实时时钟可提供秒、分、时、日、星期、月和年,当一个月小于 31 天时可以自动调整,且具有闰年补偿功能。工作电压宽达 2.5~5.5 V。采用双电源供电,可设置备用电源充电方式,提供了对后备电源进行涓细电流充电的能力。

DS1302 的外部引脚分配如图 7-5 所示,内部结构如图 7-6 所示。

各引脚的功能如下。

VCC2:主电源。

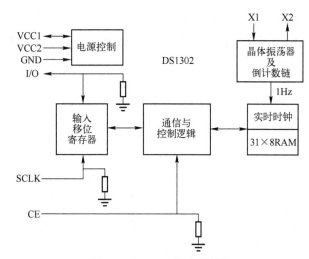

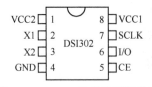

图 7-5　DS1302 的外部引脚分配　　　　图 7-6　DS1302 的内部结构

VCC1：备用电源。在主电源关闭的情况下，也能保持时钟的连续运行。DS1302 由 VCC1、VCC2 两者中的较大者供电。当 VCC2 大于 VCC1+0.2 时，VCC2 给 DS1302 供电；当 VCC2 小于 VCC1 时，DS1302 由 VCC1 供电。

X1、X2：振荡源、外接 32.768 kHz 晶振。

SCLK：串行时钟、输入、控制数据的输入与输出。

I/O：三线接口时的双向数据线。

CE：输入信号，在读、写数据期间，必须为高。该引脚有两个功能，首先，CE 接通控制逻辑，允许地址/命令序列送入移位寄存器；其次，CE 提供终止单字节或多字节数据的传送手段。当 CE 为高电平时，所有的数据传送被初始化，允许对 DS1302 进行操作。如果在传送过程中 RST 置为低电平，则会终止此次数据传送，I/O 引脚变为高阻态。上电运行时，在 VCC>2.0 V 之前，CE 必须保持低电平。只有 SCLK 为低电平时，才能将 CE 置为高电平。

2. DS1302 内部寄存器

（1）DS1302 有关日历、时间的寄存器

DS1302 有关日历、时间的寄存器共有 12 个，如表 7-1 所示。其中有 7 个寄存器（读时 81H～8DH，写时 80H～8CH）存放的数据格式为 BCD 码形式。

表 7-1　DS1302 有关日历、时间的寄存器

读寄存器	写寄存器	BIT7	BIT6	BIT5	BIT4	BIT3	BIT2	BIT1	BIT0	范围
81H	80H	CH		10秒			秒			00～59
83H	82H	—		10分			分			00～59
85H	84H	$\frac{12}{24}$	0	10 AM/PM		时				1～12/0～23
87H	86H	0	0	10日		日				1～31
89H	88H	0	0	0	10月	月				1～12
8BH	8AH	0	0	0	0	0	周日			1～7
8DH	8CH	10年				年				00～99
8FH	8EH	WP	0	0	0	0	0	0	0	—

小时寄存器（85H、84H）的位7用于定义DS1302是运行于12小时模式还是24小时模式。当为高时，选择12小时模式。在12小时模式时，位5是AM/PM位，当为1时，表示PM；在24小时模式时，位5是第二个10小时位。

秒寄存器（81H、80H）的位7定义为时钟暂停标志（CH）。当该位置为1时，时钟振荡器停止，DS1302处于低功耗状态；当该位置为0时，时钟开始运行。

控制寄存器（8FH、8EH）的位7是写保护位（WP），其他7位均置为0。在任何对时钟和RAM的写操作之前，WP位必须为0。当WP位为1时，写保护位防止对任一寄存器的写操作。

（2）DS1302与RAM相关寄存器

DS1302与RAM相关的寄存器分为两类；一类是单个RAM单元，共31个，每个单元组态为一个8位的字节，其命令控制字为C0H~FDH，其中奇数为读操作，偶数为写操作；另一类为突发方式下的RAM寄存器，此方式下可一次性读写所有RAM的31B，命令控制字为FEH（写）、FFH（读）。DS1302中附加31B静态RAM的地址如表7-2所示。

表7-2 DS1302与RAM相关寄存器

读地址	写地址	数据范围
C1H	C0H	00~FFH
C3H	C2H	00~FFH
C5H	C4H	00~FFH
⋮	⋮	⋮
FDH	FCH	00~FFH

突发模式指一次传送多字节的时钟信号和RAM数据。突发模式寄存器如表7-3所示。

表7-3 突发模式寄存器

工作模式寄存器	读寄存器	写寄存器
时钟突发模式寄存器（CLOCK BURST）	BFH	BEH
RAM突发模式寄存器（RAM BURST）	FFH	FEH

3. DS1302的命令字节格式

每一个数据的传送由命令字节进行初始化，DS1302的命令字节格式如表7-4所示。

表7-4 DS1302的命令字节格式

1	RAM/$\overline{CK}$	A4	A3	A2	A1	A0	RD/WR
7	6	5	4	3	2	1	0

位6：为0表示存取日历时钟数据；为1表示存取RAM数据。

位5~位1（A4~A0）：指示操作单元的地址。

位0（最低有效位）：为0表示要进行写操作；为1表示进行读操作。

控制字总是从最低位开始输出。在控制字指令输入后的下一个SCLK时钟的上升沿时，数据被写入DS1302，数据输入从最低位（0位）开始。同样，在紧跟8位的控制字指令后的下一个 SCLK 脉冲的下降沿，读 DS1302 的数据，读出的数据也是从最低位到最高位。数据读写时序如图 7-7 所示。

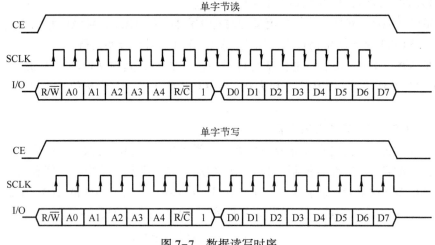

图 7-7 数据读写时序

4. DS1302 与 CPU 的连接

DS1302 与单片机的连接仅需要 3 条线：CE 引脚、SCLK 串行时钟引脚、I/O 串行数据引脚。外接 32.768 kHz 晶振，为芯片提供计时脉冲。图 7-8 所示为 DS1302 与 AT89C51 单片机连接的电路原理图。

一般设计流程如下（所有过程须将 CE 置 1）。

1）关闭写保护，通过设置控制字使位 7 为 1。

2）串行输入控制指令。

3）根据需要输入控制指令，完成数据传输。

4）可以选择字节模式，即每输入一条控制指令，下 8 个脉冲完成相应 1 字节的读写。

5）可以选择突发模式，对时钟/日历寄存器或 31×8RAM 进行一次性读写。

6）打开写保护。

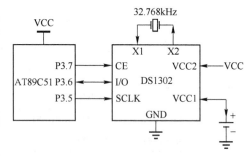

图 7-8 电路原理图

5. DS1302 驱动程序

1）DS1302 写入 1 字节程序。

```
void write_a_byte_to_1302(unsigned char dat)
{
    unsigned char i;
    for(i=0;i<8;i++)         //循环 8 次移位
    {
        SCLK=0;
        delay();             //延时 5 μs
        dat=dat>>1;
```

```
        IO=CY;
        SCLK=1;
        delay();
      }
  }
```

2) 从 DS1302 读取 1 字节程序。

```
unsigned char receive_a_byte_from_1302()
  {
    unsigned char i;
    unsigned char temp=0x00;
    IO=1;                          //设置为输出口
    for(i=0;i<8;i++)
    {
      SCLK=0;
    delay();
    temp_temp>>1;                  //右移一位,最高位补0
    if(IO==1)
    temp=temp|0x80;
    SCLK=1;
    delay();
    }
  return temp/16*10+temp%16;       //BCD 码的转换
  }
```

3) 从 DS1302 指定位置读数据程序。

```
unsigned char read_data(unsigned charaddr)
{
  unsigned char dat;
  CE=0;
  delay();
  SCLK=0;
  delay();
  CE=1;
  delay();
  write_a_byte_to_1302(addr);
  dat=receive_a_byte_from_1302();
  SCLK=1;
  CE=0;
  return dat;
}
```

4) 向 DS1302 某地址写数据程序。

```
void write_data(unsigned charaddr,unsigned char dat)
{
```

```
    CE = 0;
    delay( );
    SCLK = 0;
    delay( );
    CE = 1;
    delay( );
    write_a_byte_to_1302(addr);
    write_a_byte_to_1302(dat);
    SCLK = 1;
    CE = 0;
}
```

5) 初始化 DS1302。

```
void csh_1302(void)
{
    CE = 0;
    SCLK = 0;
    write_data(protect,0x00);
    write_data(write_s,0x56);
    write_data(write_m,0x34);
    write_data(write_h,0x12);
    write_data(protect,0x80);
}
```

7.2.2.2 LCD12864 液晶显示模块

LCD12864 是一种图形点阵液晶显示器，它主要由行驱动器、列驱动器及 128×64 全点阵液晶显示器组成，可完成图形显示，也可以显示 8×4 个（16×16 点阵）汉字，与外部 CPU 接口可采用串行或并行方式控制。图 7-9 所示为 LCD12864 实物图。

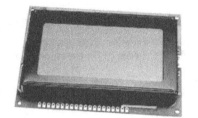

图 7-9 LCD12864 实物图

1. 接口信号说明

LCD12864 接口信号说明如表 7-5 所示。

表 7-5 LCD12864 接口信号说明

引脚号	引脚名称	引脚功能描述
1	VSS	电源地
2	VDD	电源电压
3	V0	液晶显示器驱动电压
4	D/I(RS)	D/I=H，表示 DB7~DB0 为显示数据
4	D/I(RS)	D/I=L，表示 DB7~DB0 为指令数据
5	R/$\overline{W}$	R/$\overline{W}$=H，从液晶模块读数据
5	R/$\overline{W}$	R/$\overline{W}$=L，将数据写入液晶模块

(续)

引 脚 号	引脚名称	引脚功能描述
6	E	R/$\overline{W}$=L，E信号下降沿锁存数据DB7~DB0
		R/$\overline{W}$=H，E=H，DDRAM数据读到DB7~DB0
7~14	DB0~DB7	8位数据线
15	CS1	H：选择芯片（右半屏）信号
16	CS2	H：选择芯片（左半屏）信号
17	RET	复位信号，低电平复位
18	VOUT	LCD驱动负电压
19	LCD+	LCD背光板电源正端
20	LCD-	LCD背光板电源负端

2. 接口时序

LCD12864模块读写时序如图7-10和图7-11所示。

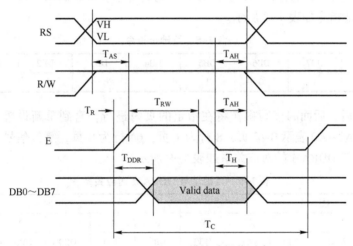

图7-10　LCD12864模块读操作时序

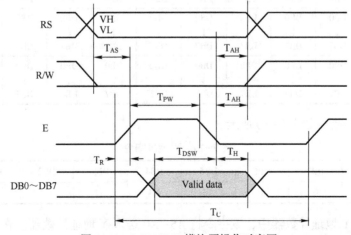

图7-11　LCD12864模块写操作时序图

3. 指令说明

开/关显示指令如表 7-6 所示。

表 7-6 开/关显示指令

RW	D/I	DB7	DB6	DB5	DB4	DB3	DB2	DB1	DB0
0	0	0	0	1	1	1	1	1	D

D=1：开显示，显示器可以进行显示操作。
D=0：关显示，不能对显示器进行显示操作。
显示起始行指令表 7-7 所示。

表 7-7 显示起始行指令

RW	D/I	DB7	DB6	DB5	DB4	DB3	DB2	DB1	DB0
0	0	1	1	A5	A4	A3	A2	A1	A0

显示起始行由 Z 地址计数器控制，该指令将 A5~A0 六位地址自动送入 Z 地址计数器，起始行地址可以是 0~63 的任意一行，所设置的行将显示在屏幕的第一行。

页（X）地址指令如表 7-8 所示。

表 7-8 页地址指令

RW	D/I	DB7	DB6	DB5	DB4	DB3	DB2	DB1	DB0
0	0	1	0	1	1	1	A2	A1	A0

该指令执行后，后面的读写操作将在指定的页内进行，直到重新设置。页地址存在 X 地址计数器中，A2~A0 表示 0~7 页，8 行为 1 页，64 行为 8 页，复位信号可将页地址计数器清零。页地址与 DDRAM 的对应关系如表 7-9 所示。

表 7-9 页地址与 DDRAM 对应关系

		CS1 = 1				CS2 = 1				
Y =	0	1	...	62	63	0	1	...	62	63	行号
X=0 ↓ 7	DB0↓DB7	DB0↓DB7	DB0↓DB7	DB0↓DB7	DB0↓DB7	DB0↓DB7	DB0↓DB7	DB0↓DB7	DB0↓DB7	DB0↓DB7	0↓7
	DB0↓DB7	DB0↓DB7	DB0↓DB7	DB0↓DB7	DB0↓DB7	DB0↓DB7	DB0↓DB7	DB0↓DB7	DB0↓DB7	DB0↓DB7	8↓55
	DB0↓DB7	DB0↓DB7	DB0↓DB7	DB0↓DB7	DB0↓DB7	DB0↓DB7	DB0↓DB7	DB0↓DB7	DB0↓DB7	DB0↓DB7	56↓63

列（Y）地址指令如表 7-10 所示。

表 7-10 列地址指令

RW	D/I	DB7	DB6	DB5	DB4	DB3	DB2	DB1	DB0
0	0	0	1	A5	A4	A3	A2	A1	A0

列地址存在 Y 地址计数器中，该指令将 A5~A0 送入 Y 地址计数器。在对 DDRAM 进行读写操作后，Y 地址指针自动加 1，指向下一个 DDRAM 单元。读状态指令如表 7-11 所示。

表 7-11　读状态指令

RW	D/I	DB7	DB6	DB5	DB4	DB3	DB2	DB1	DB0
1	0	BF	0	ON/OFF	RST	0	0	0	0

12864 LCD 的忙碌标志位 BF 放置在数据总线的 D7 位，BF 为 1 时表示忙状态，为 0 时表示空闲状态；ON/OFF 为 1 时表示显示打开，为 0 时表示显示关闭；RST 为 1 时表示复位，为 0 时表示正常。该指令读忙碌标志（BF）、复位标志（RST）和显示状态位（ON/OFF）。写显示数据指令如表 7-12 所示。

表 7-12　写显示数据指令

RW	D/I	DB7	DB6	DB5	DB4	DB3	DB2	DB1	DB0
0	1	D7	D6	D5	D4	D3	D2	D1	D0

将数据 D7~D0 写入 DDRAM 的相应单元，Y 地址计数器自动加 1。写数据到 DDRAM 前，先要设置页地址和列地址。读显示数据指令如表 7-13 所示。

表 7-13　读显示数据指令

RW	D/I	DB7	DB6	DB5	DB4	DB3	DB2	DB1	DB0
1	1	D7	D6	D5	D4	D3	D2	D1	D0

将 DDRAM 的内容 D7~D0 读到数据总线上。读指令执行后，Y 地址计数器自动加 1，读 DDRAM 数据前，先要设置页地址和列地址。

4. LCD12864 驱动程序

（1）LCD12864 半屏显示

```
void left()              //左半屏显示
{
    CS1 = 1;
    CS2 = 0;
}
void right()             //右半屏显示
{
    CS1 = 0;
    CS2 = 1;
}
```

（2）判断 LCD12864 是否繁忙

```
void LCD_Check_Busy()
{
    do
    {
        E = 0;
        DI = 0;
```

```
        RW=1;
        P0_0xff;
        E=1;
        _nop_();
        E=0;
    }
    while(P0&0x80);      //P0.7口
}
```

(3) 向LCD12864写命令

```
void LCD_Write_Command(uchar c)
{
    LCD_Check_Busy();
    P0=0xFF;
    RW=0;
    DI=0;
    E=1;
    _nop_();
    P0=c;
    E=0;
    _nop_();
}
```

(4) 向LCD12864写数据

```
void LCD_Write_Date(uchar d)        //向LCD发送数据
{
    LCD_Check_Busy();
    P0=0xFF;
    RW=0;
    DI=1;
    E=1;
    _nop_();
    P0=d;
    E=0;
    _nop_();
}
```

(5) 设置显示初始页

```
void page_first(uchar p)
{
    uchar i=P;
    p=i|0xb8;
    LCD_Check_Busy();
    LCD_Write_Command(P);
}
```

(6) 设置显示初始列

```c
void col_first(uchar c)
{
    uchar i=c;
    c=i|0x40;
    LCD_Check_Busy();
    LCD_Write_Command(c);
}
```

(7) 清除屏幕

```c
void Clear_LCD()
{
    uint i,j;
    left();
    LCD_Write_Command (0x3F);
    right();
    LCD_Write_Command (0x3f);
    left();
    for(i=0;i<8;i++)
    {
        page_first(i);
        col_first (0x00);
        for(j=0;j<64;j++)
        {
            LCD_Write_Date(0x00);      //空格编码
        }
    }
    right();
    for(i=0;i<8;i++)
    {
        page_first(i);
        col_first (0x00);
        for(j=0;j<64;j++)
        {
            LCD_Write_Date(0x00);      //空格编码
        }
    }
}
```

7.2.3 任务实施

7.2.3.1 硬件电路设计

采用单片机控制方式，设计制作电子日历。采用 AT89C51 作为控制核心，使用 DS1302 作为时钟芯片，提供时间信息；使用 LCD12864 作为显示器件。其中，AT89C51 单片机 P1 口提供引脚与 DS1302 时钟电路相连，共使用了 P1 口的三条线，AT89C51 单片机 P0 口与 P2 口提供相应引脚与 LCD12864 相连，P0 口传送数据，P2 口的六条线作为控制总线，电子日历系统电路图如图 7-12 所示。

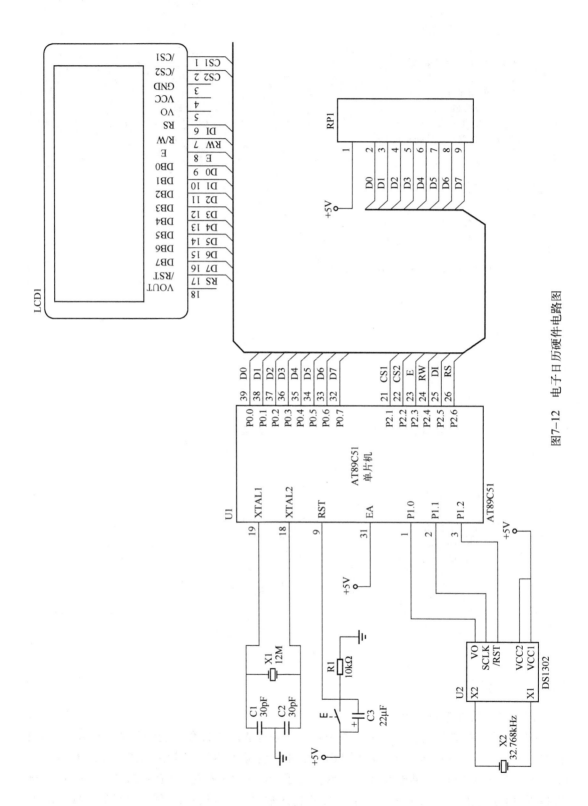

图7-12 电子日历硬件电路图

7.2.3.2 软件程序设计

电子日历程序主要包括三方面的程序，12864 液晶显示程序、DS1302 时钟芯片程序和定时器程序。

DS1302 时钟芯片程序包括向 DS1302 写入一字节程序函数、从 DS1302 读出一字节程序函数、从 DS1302 指定位置读取数据函数、向 DS1302 某地址写入数据函数和 DS1302 读取当前日期时间函数等函数。

12864LCD 液晶显示程序包括检查 LCD 是否繁忙函数、向 LCD 发送命令函数、向 LCD 发送数据函数、LCD 初始化设置函数和 LCD 通用显示函数等函数。

定时器程序主要完成每 50 ms 刷新一次 LCD 显示。最终显示方式如下，其中×为每毫秒刷新一次显示项，其他为固定显示项。

1) 第一行显示"20××年"字样，顶格显示。
2) 第二行显示"××月××日"字样，顶格显示。
3) 第三行显示"星期×"字样，顶格显示。
4) 第四行显示"××时××分××秒"字样，顶格显示。

程序清单如下。

```
#include<reg51.h>
#include<intrins.h>
#include<string.h>
#define uchar unsigned char
#define uint unsigned int
sbit CS1=P2^1;            //定义选择芯片左半屏信号
sbit CS2=P2^2;            //定义选择芯片右半屏信号
sbit DI=P2^5;             //定义选择显示类型
sbit RW=P2^4;             //定义读写信号
sbit E=P2^3;              //定义数据锁存信号
sbit IO=P1^0;             //DS1302 数据线
sbit CLK=P1^1;            //DS1302 时钟线
sbit RST=P1^2;            //DS1302 复位线
uchar Time_Buffer[7];     //日期缓存,0~6 依次为秒、分、时、日、月、周日、年
//年、月、日、星期、时、分、秒、汉字点阵(16×16)
uchar code Date_Time_Words[ ] =
{
    0x40,0x20,0x10,0x0c,0xE3,0x22,0x22,0x22,
    0xFE,0x22,0x22,0x22,0x22,0x02,0x00,0x00,
    0x04,0x04,0x04,0x04,0x07,0x04,0x04,0x04,
    0xFF,0x04,0x04,0x04,0x04,0x04,0x04,0x00,    //年
    0x00,0x00,0x00,0x00,0x00,0xFF,0x11,0x11,
    0x11,0x11,0x11,0xFF,0x00,0x00,0x00,0x00,
    0x00,0x40,0x20,0x10,0x0c,0x03,0x01,0x01,
    0x01,0x21,0x41,0x3F,0x00,0x00,0x00,0x00,    //月
    0x00,0x00,0x00,0xFE,0x42,0x42,0x42,0x42,
```

```
    0x42,0x42,0x42,0xFE,0x00,0x00,0x00,0x00,
    0x00,0x00,0x00,0x3F,0x10,0x10,0x10,0x10,
    0x10,0x10,0x10,0x3F,0x00,0x00,0x00,0x00,     //日
    0x00,0x00,0x00,0xBE,0x2A,0x2A,0x2A,0xEA,
    0x2A,0x2A,0x2A,0x2A,0x3E,0x00,0x00,0x00,
    0x00,0x48,0x46,0x41,0x49,0x49,0x49,0x7F,
    0x49,0x49,0x49,0x49,0x49,0x41,0x40,0x00,     //星
    0x00,0x04,0xFF,0x54,0x54,0x54,0xFF,0x04,
    0x00,0xFE,0x22,0x22,0x22,0xFE,0x00,0x00,
    0x42,0x22,0x1B,0x02,0x02,0x0A,0x33,0x62,
    0x18,0x07,0x02,0x22,0x42,0x3F,0x00,0x00,     //期
    0x00,0xFC,0x44,0x44,0x44,0xFC,0x10,0x90,
    0x10,0x10,0x10,0xFF,0x10,0x10,0x10,0x00,
    0x00,0x07,0x04,0x04,0x04,0x07,0x00,0x00,
    0x03,0x40,0x80,0x7F,0x00,0x00,0x00,0x00,     //时
    0x80,0x40,0x20,0x98,0x87,0x82,0x80,0x80,
    0x83,0x84,0x98,0x30,0x60,0xC0,0x40,0x00,
    0x00,0x80,0x40,0x20,0x10,0x0F,0x00,0x00,
    0x20,0x40,0x3F,0x00,0x00,0x00,0x00,0x00,     //分
    0x12,0x12,0xD2,0xFE,0x91,0x11,0xC0,0x38,
    0x10,0x00,0xFF,0x00,0x08,0x10,0x60,0x00,
    0x04,0x03,0x00,0xFF,0x00,0x83,0x80,0x40,
    0x40,0x20,0x23,0x10,0x08,0x04,0x03,0x00      //秒
};
/*--周日汉字点阵(16×16--*/
uchar code Weekday_Words[]=
{   0x00,0x00,0x00,0xFE,0x42,0x42,0x42,0x42,
    0x42,0x42,0x42,0xFE,0x00,0x00,0x00,0x00,
    0x00,0x00,0x00,0x3F,0x10,0x10,0x10,0x10,
    0x10,0x10,0x10,0x3F,0x00,0x00,0x00,0x00,     //日
    0x00,0x80,0x80,0x80,0x80,0x80,0x80,0x80,
    0x80,0x80,0x80,0x80,0x80,0xC0,0x80,0x00,
    0x00,0x00,0x00,0x00,0x00,0x00,0x00,0x00,
    0x00,0x00,0x00,0x00,0x00,0x00,0x00,0x00,     //一
    0x00,0x00,0x04,0x04,0x04,0x04,0x04,0x04,
    0x04,0x04,0x04,0x06,0x04,0x00,0x00,0x00,
    0x00,0x10,0x10,0x10,0x10,0x10,0x10,0x10,
    0x10,0x10,0x10,0x10,0x10,0x18,0x10,0x00,     //二
    0x00,0x00,0x00,0x00,0x08,0x08,0x08,0x08,
    0x08,0x08,0x08,0x08,0x00,0x00,0x00,0x00,
    0x00,0x20,0x21,0x21,0x21,0x21,0x21,0x21,
    0x21,0x21,0x21,0x21,0x21,0x21,0x20,0x00,     //三
    0x00,0xFE,0x02,0x02,0x02,0xFE,0x02,0x02,
    0xFE,0x02,0x02,0x02,0x02,0xFE,0x00,0x00,
```

```
    0x00,0x7F,0x28,0x24,0x23,0x20,0x20,0x20,
    0x21,0x22,0x22,0x22,0x22,0x7F,0x00,0x00,     //四
    0x00,0x02,0x82,0x82,0x82,0x82,0xFE,0x82,
    0x82,0x82,0xC2,0x82,0x02,0x00,0x00,0x00,
    0x20,0x20,0x20,0x20,0x20,0x3F,0x20,0x20,
    0x20,0x20,0x3F,0x20,0x20,0x30,0x20,0x00,     //五
    0x10,0x10,0x10,0x10,0x10,0x91,0x12,0x1E,
    0x94,0x10,0x10,0x10,0x10,0x10,0x10,0x00,
    0x00,0x40,0x20,0x10,0x0C,0x03,0x01,0x00,
    0x00,0x01,0x02,0x0C,0x78,0x30,0x00,0x00,     //六
};
/*--数字字符点阵(8×16)--*/
uchar code Digits[] =
{
    0x00,0xE0,0x10,0x08,0x08,0x10,0xE0,0x00,
    0x00,0x0F,0x10,0x20,0x20,0x10,0x0F,0x00,     //0
    0x00,0x10,0x10,0xF8,0x00,0x00,0x00,0x00,
    0x00,0x20,0x20,0x3F,0x20,0x20,0x00,0x00,     //1
    0x00,0x70,0x08,0x08,0x08,0x88,0x70,0x00,
    0x00,0x30,0x28,0x24,0x22,0x21,0x30,0x00,     //2
    0x00,0x30,0x08,0x88,0x88,0x48,0x30,0x00,
    0x00,0x18,0x20,0x20,0x20,0x11,0x0E,0x00,     //3
    0x00,0x00,0xC0,0x20,0x10,0xF8,0x00,0x00,
    0x00,0x07,0x04,0x24,0x24,0x3F,0x24,0x00,     //4
    0x00,0xF8,0x08,0x88,0x88,0x08,0x08,0x00,
    0x00,0x19,0x21,0x20,0x20,0x11,0x0E,0x00,     //5
    0x00,0xE0,0x10,0x88,0x88,0x18,0x00,0x00,
    0x00,0x0F,0x11,0x20,0x20,0x11,0x0E,0x00,     //6
    0x00,0x38,0x08,0x08,0xC8,0x38,0x08,0x00,
    0x00,0x00,0x00,0x3F,0x00,0x00,0x00,0x00,     //7
    0x00,0x70,0x88,0x08,0x08,0x88,0x70,0x00,
    0x00,0x1C,0x22,0x21,0x21,0x22,0x1C,0x00,     //8
    0x00,0xE0,0x10,0x08,0x08,0x10,0xE0,0x00,
    0x00,0x00,0x31,0x22,0x22,0x11,0x0F,0x00,     //9
}
void delay( unsigned char i)
{
    while(--i);
}
/*--屏幕显示--*/
void left()                                       //左半屏显示
{
    CS1=0;
    CS2=1;
}
```

```
void right()                          //右半屏显示
  {
    CS1=1;
    CS2=0;
  }
/*--判断LCD是否繁忙--*/
void LCD_Check_Busy()
  {
    do
      {
        E=0;
        DI=0;
        RW=1;
        P0=0x00;
        E=1;
        _nop_();
        E=0;
      }
    while(P0&0x80);                   //P0.7=0 不忙
  }
/*--向LCD发送命令--*/
void LCD_Write_Command(uchar c)
  {
    LCD_Check_Busy();
    P0=0xFF;
    RW=0;
    DI=0;
    E=1;
    P0=c;
    _nop_();
    _nop_();
    E=0;
  }
/*--向LCD发送数据--*/
void LCD_Write_Date(uchar d)
  {
```

7.2.3.3 仿真结果

仿真结果如图7-13所示。观察到LCD显示出年、月、日、星期及当时的时间,即时、分和秒,并实时更新。

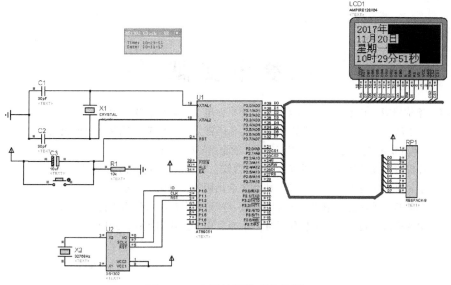

图 7-13 电子日历仿真电路图

7.3 习题

1. 填空题

1) 步进电机是将_____信号转变为_____或_____的开环控制元件。在非超载的情况下，电机的转速、停止的位置只取决于脉冲信号的_____和_____，而不受负载变化的影响，即给电机加一个脉冲信号，电机则转过一个步距角。

2) 步进电机每转过一个步距角的实际值与理论值的误差，叫作_____。用百分比表示：误差/步距角×100%。

3) DS1302 与单片机的连接仅需要三条线：_____引脚、_____引脚、_____引脚。

4) 12864LCD 是一种_____液晶显示器，它主要由行驱动器、列驱动器及 128×64 全点阵液晶显示器组成，可完成图形显示，也可以显示 8×4 个（16×16 点阵）汉字，与外部 CPU 接口可采用_____方式控制。

5) 12864 LCD 的忙碌标志位 BF 放置在数据总线的 D7 位，BF 为 1 时表示_____状态，为 0 时表示_____状态。

2. 选择题

1) 正常情况下，步进电机转过的总角度和输入的脉冲数成（　　）。

A. 反比　　　　　B. 正比　　　　　C. 不成比例　　　　D. 不确定

2) 电机完成一个磁场周期性变化所需脉冲数或导电状态用 n 表示，n 也指电机转过一个齿距角所需脉冲数。以四相电机为例，有四相八拍运行方式即（　　）。

A. AB-BC-CD-DA-AB　　　　　B. A-B-C-D-A

C. A-AB-B-BC-C-CD-D-DA-A　　D. A-AB-B-BC-C

3) 下列哪个不属于电子日历程序（　　）。

A. LCD12864 液晶显示程序　　　B. DS1302 时钟芯片程序

C. 定时器程序　　　　　　　　　D. 串行口程序

参 考 文 献

[1] 王静霞. 单片机应用技术：C语言版 [M]. 北京：电子工业出版社，2009.
[2] 刘建清，寻立波，陈培军. 从零开始学单片机C语言 [M]. 北京：国防工业出版社，2006.
[3] 徐玮. C51单片机高效入门 [M]. 北京：机械工业出版社，2006.
[4] 彭芬. 单片机应用技术基础（C语言）[M]. 西安：西安电子科技大学出版社，2016.
[5] 张文灼. 单片机应用技术 [M]. 北京：机械工业出版社，2014.
[6] 鲍安平，严莉莉. 单片机应用技术 [M]. 西安：西安电子科技大学出版社，2013.
[7] 姚小平. 单片机应用技术项目化教程 [M]. 北京：电子工业出版社，2012.